世界怎样运作
HOW THE WORLD WORKS

【英】安妮·鲁尼/著 吴奕俊 杨蔚然/译

WUHAN UNIVERSITY PRESS
武汉大学出版社

图书在版编目（ＣＩＰ）数据

世界怎样运作：宇宙 ／（英）安妮·鲁尼著；吴奕俊，杨蔚然译.－武汉：武汉大学出版社，2022.3
书名原文：HOW THE WORLD WORKS：THE UNIVERSE
ISBN 978-7-307-22591-6

Ⅰ.世… Ⅱ.①安… ②吴… ③杨… Ⅲ.宇宙－普及读物 Ⅳ.P1—49

中国版本图书馆CIP数据核字(2021)第216600号

责任编辑：姜程程　　　　责任校对：牟 丹　　　　版式设计：智凝设计

出版发行：**武汉大学出版社** （430072　武昌　珞珈山）
（电子邮箱：cbs22@whu.edu.cn 网址：www.wdp.com.cn）
印刷：三河祥达印刷包装有限公司
开本：880×1230　1/16　　印张：13　　字数：258千字
版次：2022年3月第1版　2022年3月第1次印刷
ISBN 978-7-307-22591-6　　定价：108.00元

目 录

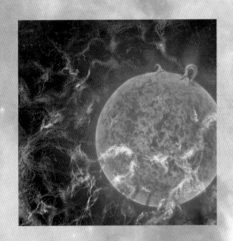

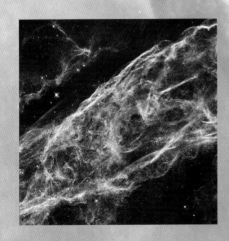

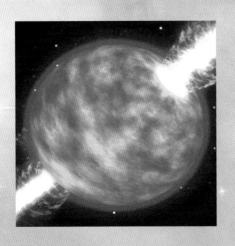

最初······

宇宙不仅比我们想象的更奇怪，而且比我们能够想象的更奇怪。

——马克·吐温（*Mark Twain*，*1835—1910 年*）

了解宇宙是所有可能的挑战中最大的挑战，从远古时期起，人类就为此着迷。"宇宙是什么？"和"这一切都从哪儿来？"是我们所能提出的最基本的问题。

创造天地和宇宙学

几千年来，解决这类问题的唯一方法就是通过宗教、神话和故事，但这些都不鼓励探索或深究。创世的神话代代相传，这些神话的稳定存在是它们的本质和吸引力的一部分。如果你成长在这样一种文化中（比如中非的库巴人的神话说众多恒星是由一个名叫姆邦博的巨人吐出来的），你就不需要再去寻找解释了。在这种文化环境中，问"姆邦博是从哪里来的？"往好了说，可能会被认为是愚蠢的，往坏了说，则被认为是异端邪说。另外，即使是以推翻其最珍视的理论为代价，科学也会寻求探索。真理对现状的质疑是受到鼓励的，因为对现行占主导的解释模式的挑战要么强化了这些解释，

17世纪描绘的一个印度教起源的神话，其中宇宙在无尽的循环中被摧毁和重新创造。在毁灭和创造之间，毗湿奴停留在象征永恒的蛇阿南塔（Ananta）身上。

要么否定了这些解释。没有什么叙事是一成不变的，每一个科学原则都可能在明天被推翻，而科学作为一个框架将保持不变。

今天，我们可以利用科技和数学来研究宇宙是如何起源的，研究宇宙是如何发展到现在的，以及它可能会走向何方。我们可以试着写出它的真实故事。

还是故事

即使是科学，我们也必须从试探性的叙述开始，提出可能发生的情况，并寻找证据来支持或驳斥这些观点。宇宙形成恒星、星系和行星的过程非常缓慢，我们永远不可能通过观察它们来理解它们。相反，宇宙学家和天文学家观察我

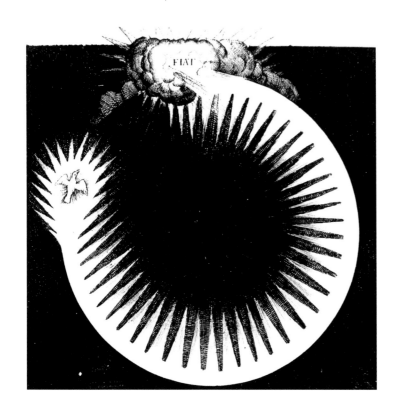

在基督教传统中，一切都是由上帝的话创造的。罗伯特·弗拉德（Robert Fludd）的《两个世界的历史》（*Utriusque Cosmi Historia*）（1617—1621 年）显示了光明从黑暗的空虚中产生。

们周围无数不同的现象，努力将符合他们观察的故事和解释拼在一起。然后，他们用数学和进一步的观察来测试他们的想法，看看这些想法有多站得住脚。有许多错误的开始和许多意想不到的事，有时是不受欢迎的曲折。

最终的故事

宇宙的故事是最大的故事——它是所有存在的、过去的和将来的故事，也是我们试图理解它的故事。这里有两个故事要讲：一个是关于宇宙本身的叙述，从太初的时刻到现在；另一个是我们发现的故事。这两个故事的方向大致相反，因为人类最近才发现了宇宙最早的时刻。

我们目前对宇宙的理解是建立在含宇宙常数的冷暗物质（Lambda Cold Dark Matter）模型上的，这是大爆炸理论的标准版本。但这并不是全貌。故事的大部分内容仍有待发现。

第一章

"没有昨天的一天"

宇宙可能是终极的免费午餐。

——艾伦·古思（Alan Guth），1992 年

现代宇宙学认为宇宙起源于 138 亿年至 125 亿年前的"大爆炸"。在最初的时刻，时空出现了，它显然是从虚无中产生的——其他一切都随之而生。这是一个具有挑战性的想法，这个概念诞生不到一百年，却塑造了我们关于宇宙的故事。

哈勃太空望远镜捕捉到的图像显示了无数银河系大小的星系，每一个星系都只是一个光点，这暗示了太空的不可思议的广阔。

"无中不能生有"

"存在"的悖论是为什么存在"有"而不是"没有"，希腊人在公元前5世纪开始从理性的角度思考这个问题。古希腊人是我们所知的最早进行科学思考的人，他们试图通过观察和推理而不是依靠超自然的解释来找到事物的原因和本质。对于任何事物的存在，只有两种明显的、宽泛的解释：要么它在某个时间点出现，要么它一直存在。在古希腊，每种观点都有各自的支持者。

永恒的问题

哲学家巴门尼德（Parmenides）认为宇宙是永恒不变的。他的作品留存于世的只有一些片段，这是我们关于这个主题最早的作品。他把他的论点建立在"存在"（What-is）与"不存在"（What-is-not）的对立之上。"存在"不能以任何方式参与"不存在"——不会有这种突然出现的事。这意味着宇宙不可能已经形成，因为要是这样，它之前就应该是"不存在"的状态，但这是不可能的。同样的，它也不能被破坏，也不能停止存在，因为这意味着要变成"不是什么"。由此得出的结论是宇宙没有变化，没有运动，也没有虚空，一切都是不变的。这似乎与我们体验世界的方式相反。即便如此，事物并非凭空而来这一观点在直觉上还是很有吸引力的。大约公元前500年，另一位哲学家赫拉克利特（Heraclitus）简洁地指出："一切都不是神和人创造的，而万物过去是这样，现在是这样，将来也是这样。"

17世纪的埃利亚哲学家巴门尼德版画。

宇宙的稳步发展

宇宙是永恒的，而且基本不变的概念在20世纪初仍然是人们普遍接受的假设。这个概念现在被称为宇宙的"稳态"模型，但直到最近，它甚至都没有被认为是模型——它只是描述了事情的情况。模型这个概念是由艾萨克·牛顿（Issac Newton）在1687年出版的《自然哲学的数学原理》（*Principia Mathematica*）中提出的，他描述了一个无限的、静态的、稳定的宇宙，其中物质在大尺度上均匀分布。这种观念根深蒂固，以至于当阿尔伯特·爱因斯坦（Albert Einstein）推导出广义相对论方程时，他很快就添加了一个"宇宙常数"来保持宇宙稳定。他的假设是宇宙不会改变，如果他的方程表明宇宙会改变，那方程就有问题。他后来称这是他职业生涯中最大的错误。

混乱中诞生的秩序

相反的观点认为存在的一切都是从虚无或混沌中产生的。在混乱中建立秩序是许多创世神话的核心。在《圣经·创世纪》中，在上帝赋予万物某种秩序之前，"地球是没有形态的，是虚空的"。万物都是通过组织创造出来的。但这和"无中生有"是不一样的。上帝只是通过说话就创造了光更接近"无中生有"的概念。有趣的是，天主教认为宇宙大爆炸说确认了创世一刻。

意大利威尼斯圣马可大教堂穹顶内部的马赛克图案描绘了基督教从无到有的创世故事。

1654 年，德国科学家奥托·冯·格里克（Otto von Guericke）用他的"马格德堡半球"实验证明了真空的存在。这是两个严密对接在一起的半圆金属，然后他用一个真空泵把里面的空气抽出来。由于周围空气的压力将两个半圆金属推到一起，需要巨大的力量才能将它们分开。

回望无数个世纪，当今的科学似乎已经成功地见证了原始要有光（Fiat Lux，即 Let There Be Light）的庄严时刻，与物质一起，从无到有地迸发出光和辐射的海洋，元素分裂、搅动，形成千万个星系。

——教皇庇护十二世（Pope Pius XII），1951 年

不存在虚无

"无中生有"的想法要求存在某种"虚无"。古希腊人对于是否存在"虚无"（不包含物质的空间）存在分歧。哲学家亚里士多德（Aristotle）在公元前4世纪论证说，虚无是不可能存在的，除了从某种形式的已有物质中创造之外，其他的创造方式都是不可能的。这暗示着物质是一直存在的。亚里士多德的影响力足以使这个观点盛行近2 000年。"虚无"的本质将成为我们当前对宇宙的解释的核心。

如果物质是连续的，就不存在虚无的空间，但如果物质被分成微小的离散部分（现代术语中的"原子"），那么虚无的空间是必不可少的，否则粒子就无法分离。我们接受了"虚无"的概念，仍然有必要定义"虚无"。17世纪用真空泵做的实验似乎证明了有可能存在一个不包含物质的空间，甚至不包含气体。但我们现在知道，即使是外太空，物质的密度也很低，甚至每立方米只有几个原子，但不是绝对的虚无。科学所达到的最佳真空也是充满原子的，每立方厘米最多有10万个原子。以辐射形式存在的能量可以穿过空无一物的空间，而引力场和磁场可以在空无一物的空间中运行。那到底有多空呢？

"无中生有"？

虽然"无中不能生有"似乎是基本的概念，但它似乎是错误的。在高速粒子加速器中，物理学家让亚原子粒子相互碰撞，产生巨大的能量，以粒子的形式表现出来。这些粒子存在的时间很短，在纳秒之间就转瞬即逝，但它们确实存在。它们是"无中生有"的东西，或者至少是由能量产生的物质。它们不是之前预先配置好的粒子，它们是全新的。现在看来，宇宙的起源就在于这种从无到有的过程。

一切从大爆炸开始

根据巴门尼德的"存在论"，宇宙在138亿年前从一个奇点诞生（见下面的方框）。现在所有的"存在"都是通过填充时空和从原始的"东西"的变化、重新安排和扩散中出现的。宇宙的故事就是从那个奇点到今天所走的路。这个故事附带的可能还有现在到一切结束之间

单奇点和多重奇点

宇宙学中的奇点是无限大的密度和无限小的点。大爆炸始于一个奇点。在黑洞的中心还有其他奇点，在那里物质的体积被挤压得无限小。

可能发生的事情——如果宇宙有结局的话。

大爆炸理论取代了较早的宇宙概念，并建立在人类的发现之上。很难说这个故事从哪里开始。也许是从爱因斯坦和广义相对论开始的，或者是从美国天文学家亨丽埃塔·莱维特（Henrietta leavitt）使用测量到某些相当特殊的恒星距离的方法开始的，或者是从艾萨克·牛顿的光和引力的本质开始的。当我们研究宇宙的故事时，我们会"遇到"这些人。不过，我们这次从比利时开始。

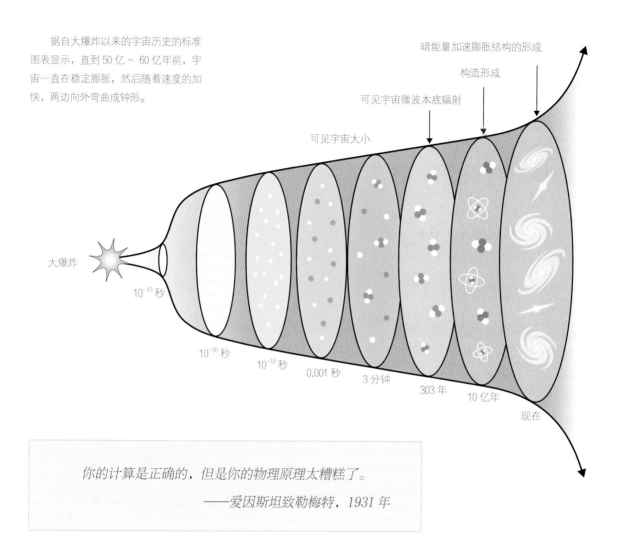

据自大爆炸以来的宇宙历史的标准图表显示，直到50亿～60亿年前，宇宙一直在稳定膨胀，然后随着速度的加快，两边向外弯曲成钟形。

暗能量加速膨胀结构的形成

构造形成

可见宇宙微波本底辐射

可见宇宙大小

大爆炸

10^{-43} 秒

10^{-35} 秒

10^{-10} 秒

0.001 秒

3 分钟

303 年

10 亿年

现在

> 你的计算是正确的，但是你的物理原理太糟糕了。
>
> ——爱因斯坦致勒梅特，1931 年

"原始原子"

我们现在所称的大爆炸理论模型最早是由比利时牧师兼业余天文学家乔治·勒梅特（Georges Lematre）于1931年提出的。通过研究爱因斯坦1915年发表的广义相对论中对引力的数学解释，勒梅特在1927年认识到宇宙正在膨胀。他发表了一组表明宇宙正在膨胀的方程式的解。主张稳定宇宙的爱因斯坦对这个结论并不满意。

如果宇宙在膨胀，它一定是从某种东西膨胀的——它之前一定要小得多，小很多很多。

这是勒梅特在1931年阐述的结论，他认为整个宇宙一定曾经是一个密度惊人的单一点（奇点）。他创造了一个术语"原始原子"来指代他认为"在创世之时爆炸"的实体——这是天文学家兼牧师的宇宙论和宗教观的完美结合。

> 今天被认为是世界起源的大爆炸并不与神创行为说相矛盾；相反，神创行为说需要大爆炸。
>
> ——教皇方济各（Pope Francis），2014 年

乔治·勒梅特（1894—1966年）

乔治·勒梅特出生在比利时沙勒罗伊（Charleroi），在一所耶稣会中学接受教育，并在天主教鲁汶大学学习土木工程。第一次世界大战中断了他的学业，但后来他在为成为牧师做准备时学习了物理和数学。他于1920年获得博士学位，1923年被授予博士学位。同年，他搬到英国剑桥大学，与伟大的天文学家亚瑟·爱丁顿（Arthur Eddington）一起工作，爱丁顿带他初次接触到了宇宙学。勒梅特在哈佛大学天文台和麻省理工学院度过了接下来的一年时间，于1925年回到比利时，在天主教鲁汶大学任教和做研究，直到1964年退休。

1927年，勒梅特计算出了爱因斯坦广义相对论方程式的一个解，表明宇宙不是静止的，而是在膨胀。同年，他发表了他的解决方案。他的论文中包含了对现在众所周知的哈勃－勒梅特定律的第一段陈述：宇宙中物体远离我们的速度与它们与我们的距离成正比。他还给出了用哈勃常数测量宇宙膨胀率的第一个近似值。他的成果几乎没有引起注意，主要是因为它是用法语出版的。

然后，在1931年，在伦敦举行的一次关于灵性和物质宇宙的会议上，勒梅特提出，如果宇宙正在膨胀，它一定是从某个物体开始膨胀的，如果我们回到足够久远的时间，它最初一定是一个小而紧凑的点。爱丁顿称这个想法"令人反感"，爱因斯坦最初认为它是错误的，尽管他后来同意了，并在1934年提议授予勒梅特比利时法国科学奖。这个"原始原子"比勒梅特最初发表时获得了更多的报道，很快他就出名了。他获得了荣誉和奖励，并看到他的理论获得了"大爆炸"的名称。

作为科学家，我根本不相信宇宙起源于一场爆炸。

——亚瑟·爱丁顿，1928 年

开始的开始

勒梅特从天文学中寻找证据来支持他的理论。两位杰出的天文学家——亨丽埃塔·莱维特和埃德温·哈勃（Edwin Hubble），已经为勒梅特的理论打好了基础。

明亮和昏暗

莱维特从 1895 年开始在哈佛学院天文台工作（最初是一名志愿者），直到 1921 年去世。她研究变星，特别是麦哲伦星云中的造父变星，这是在南半球可见的两个矮星系。造父变星会定期改变它们的亮度。1908 年，通过复杂的数学计算和详细的观察，她意识到恒星的星等（亮度）与它变暗前的发光时间长短有直接的关系：恒星越亮，它保持发光的时间越长。通过一个完整的明暗变化周期，莱维特可以计算出一颗恒星的星等。1912 年，她发表了一张包含 25 个造父变星周期及其视星等的图表，由此可以计算出它们之间的距离。

在莱维特的工作之前，天文学家只能通过视差法计算出距离地球 100 光年以内的恒星距离，而麦哲伦星云的造父变星距离地球 20 万光年。莱维特的方法适用于 1 000 万光年以外的距离。她的发现被称为"宇宙的准绳"，成为埃德温·哈勃的重要工具，也为勒梅特的发现奠定了基础。

视 差

视差可以让我们通过从两个不同位置的观察来计算到一个物体的距离。

你可以把一根手指放在脸前，先闭上一只眼睛看这个物体，然后再闭上另一只眼睛看。手指似乎从一边跳到另一边。通过视差，利用地球在其轨道相对两侧的位置（6 月和 12 月），就可以来确定与天体的距离，并测量两条视线之间的角度。

亨丽埃塔·莱维特（1868—1921年）

莱维特出生在马萨诸塞州的剑桥市，曾就读于奥柏林学院和女子学院教育协会（后来的拉德克利夫学院）。1892年，她在那里首次接触了天文学。她得了一场重病，严重失聪，因此中断了好几年的学习。1895年，她在哈佛学院天文台做志愿者。7年后，她被理事长查尔斯·皮克林（Charles Pickering）任命为正式职员，研究恒星的照片，以确定它们的星等。

当时的限制不允许身为女性的莱维特去追求自己的理论工作，设计自己的项目。即便如此，她仍然确认了超过2 400个变星——超过当时已知的一半——并发现了造父变星的变异性和星等之间的关系。她还制定了用摄影测量恒星星等的哈佛标准。莱维特一直在天文台工作，直到53岁死于癌症。

造父变星

由于第一颗被发现的这类变星仙女座ζ星（ζ cephei）在中国的传统星称为"造父一"，后来把这种变星称为Cephei，这类星都被称为造父变星。1784年，英国业余天文学家约翰·古德里克（John Goodricke）将它鉴定为可变星。第一个被发现的造父变星是几个月前由另一位英国天文学家爱德华·皮高特（Edward Pigott）发现的天鹰座η（Eta Aquilae）。经典的造父变星是相对较新形成的恒星，其质量是太阳系太阳的4~20倍，比太阳亮10万倍。它们的光度在几天或几个月里

RS Puppis是银河系中最明亮的造父变星之一。其可变周期为41.5天。RS Puppis位于这个星云的中心，距离我们6 000光年。

呈现规律性变化。造父变星在它的可变循环过程中，其半径变化达数百万千米——由爱丁顿在1917年提出，这是因为恒星温度的变化导致了它的膨胀和收缩。1953年，苏联天体物理学家谢尔盖·泽瓦金（Sergei Zhevakin）确定了一个氦电离和去电离的循环机制，这是驱动这一过程的机制。双电离的氦（失去了两个电子）变得不透明。由于恒星的大气层从内部被加热，热量无法通过不透明的气体溢出，因此大气层膨胀。这颗恒星在成长过程中冷却，逐渐去电离，回到透明状态。

发现的"岛宇宙"

我们现在知道麦哲伦星云是银河系之外的星系。1771 年，法国天文学家查尔斯·梅西耶（Charles Messier）首次将"星云"，即模糊的光团列出来（见下面的方框）。它们的发现对宇宙的大小有相当大的意义。哈佛大学天文台主任哈洛·沙普利（Harlow Shapley）是对该发现有争议的一方，他认为，银河系构成了整个宇宙，用望远镜可以看到的螺旋状星云只是位于其范围内的相对较小的特征。另外，匹兹堡阿勒格尼天文台（Allegheny Observatory）主任赫伯·柯蒂斯（Heber Curtis）认为，螺旋星云位于银河系之外。他相信它们非常大、非常遥远，形成了独立的星系——或者像 18 世纪哲学家伊曼努尔·康德（Immanuel Kant）所说的那样，是"岛宇宙"。

1920 年 4 月 26 日，在华盛顿特区的史密森尼国家自然历史博物馆，争论双方展开了一场"大辩论"，许多著名的宇宙学家也参与其中。但这并没有解决任何问题。1924 年，争论仍在激烈进行。那一年，美国天文学家埃德温·哈勃利用莱维特的方法计算出，在仙女座星云模糊的一片区域，有一颗造父变星到地球的距离大约是银河系中任何一颗恒星到地球距离的 8 倍。这是一个惊人的发现，因为它是第一个证据，表明在我们自己的星系之外可能存在其他东西。他的结论是仙女座星云是一个星系，这一结论立即将宇宙从一个单一的星系扩展到了无限的范围。还会有多少个星系呢？

太空中的云

查尔斯·梅西耶（1730—1817 年）最初并不是在寻找星云，而是在寻找彗星。1758 年，哈雷彗星的回归激起了公众和专业人士对这些经过地球的天体的兴趣，于是梅西耶决定寻找更多的彗星，最终他找到了 15 颗。1758 年 9 月，他注意到夜空中金牛座处有一个云状的物体。由于它没有移动，它显然不是彗星。他决定把他发现的所有稳定而朦胧的物体都记录下来，以免将其误认为是彗星。他看到的物体其实是蟹状星云，它成为梅西耶的星云天体目录中的第一个天体 M1。它现在被确认是 1054 年爆炸的一颗恒星的超新星残骸，所以也被称为 SN 1054。

梅西耶 1771 年出版的第一版星云天体目录列出了 45 个星云天体（梅西耶发现了其中的 17 个）。他和他的同事们继续记录发现的此类天体，1781 年，星云天体目录的最后版本中包括了 103 个此类天体。从那以后又增加了更多的天体，现在已经达到 110 个，最近的一个是 1967 年增加的仙女座椭圆矮星系。

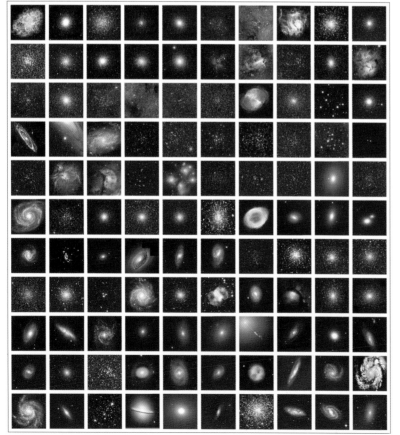

上图：大螺旋星系 NGC 1232。中心区域包含较老的恒星，而旋臂则布满年轻的恒星和由恒星形成的地域。

左图：现在已知的全部 110 个梅西耶天体图合集。

在发现这些星云可能是星系之后，哈勃开始根据它们的形状、亮度模式和与地球的距离对它们进行分类。到 20 世纪 20 年代末，他又发现了另外 20 多个星系，并确定了它们的形态——螺旋状、椭圆状和不规则状，这些形态至今仍得到人们认可。

扩大的证据

对勒梅特来说，银河系之外存在星系是一个关键证据。勒梅特引用了另一位美国天文学家的研究成果——这位天文学家一直没有得到应有的关注。

1914 年，维斯托·斯利弗（Vesto Slipher，1875—1969 年）向美国天文学会展示了他测量星云红移和蓝移（见下页的方框）的成果。这些移动表示天体相对于观察者的运动。在 15 个星云中，有 11 个发生了红移，这意味着这些物体正在远离我们。1917 年，有 21 个红移星云，但仍然只有 4 个蓝移星云，他指出："对于我们来说，有这样的运动，而恒星没有显示出来，这意味着整个恒星系统都在移动，我们也跟着移动。很长一段时间以来，人们一直认为螺旋星云是在遥远的距离上看到的恒星系统。在我看来，这个理论……从目前的观察来看，是有证据支持的。"到 1922 年，斯利弗已经获得了北半球 41 个可观测星云的数据。尽管爱丁顿说这是"非常惊人的"，大多数星云似乎正在远离我们，他觉得没有南半球的数据是无法得出结论的。在加州威尔逊山天文台工作的瑞典天文学家古斯塔夫·斯通伯格（Gustaf Strömberg）于 1925 年公布了斯利弗的红移列表，因此勒梅特可以看到它们。

梅西耶 74 号，也叫幽灵星系，是一个距离我们 3 200 万光年的经典螺旋星系。它于 1780 年被发现。

几乎可以肯定的是，在不久的将来，这将为天文学家提供一种很好的手段来确定此恒星的运动和距离。恒星距离我们太过遥远，无法测量，因此视差角也很小，到现在为止，几乎没有看到能进行此类测定的希望。

——克里斯蒂安·多普勒 (Christian Doppler)，1842 年

红移、蓝移

红移和蓝移对光线的影响，就像车辆接近和离开我们时鸣笛声音的大小变化一样。这种效应最早是在 1845 年由奥地利的数学家克里斯蒂安·多普勒描述和解释的，故称多普勒效应。

如果声源在向你移动，则每一个声波的波峰都比上一个离你更近。其效果是将声波聚集在一起，波长减少，频率增加，从而使声音的音调更高。如果声源在远离你，则产生相反的效果，会使波峰扩散。这增加了波长，降低了频率，并产生了较低的音调。多普勒通过一个有趣的实验证明了他的理论。实验中，音乐家们在行驶的火车上演奏乐器，而其他音乐家则在火车外记录他们听到的音符。他很有先见之明地提出，光也可以做这个实验，并且会影响遥远恒星的表面颜色。

从可见光光谱的中间开始，增加波

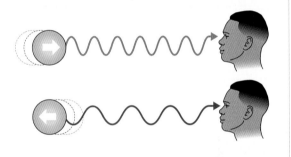

恒星向地球移动时发出的光会发生蓝移，看起来比发出的光更蓝。恒星远离地球时发出的光会出现红移，看起来比发出的光更红。

长使光向光谱的红端移动，而减少波长则使光向光谱的蓝端移动。当遥远的物体远离观测者时，它发出的光的波长被拉长，因此它向光谱的红端移动（波长更长），物体看起来比实际更红。物体向观察者移动时会产生蓝移：光的波长变短，物体看起来比实际更蓝。通过观测到的红移或蓝移，天文学家可以判断出恒星是朝向地球移动还是远离地球（或者相对于地球是静止的）。

梅西耶 32 是一个椭圆矮星系，在仙女座星系的左边是一束白光。它于 1749 年被发现，距离地球 265 万光年。

多远，多快？

勒梅特从他的研究和爱因斯坦的方程式中推断出，宇宙不是静态的，而是处于膨胀的状态。然后，他利用斯利弗的移动星系的速度和哈勃公布的星系距离来计算宇宙膨胀的速率，得出了 625 千米 /（秒·百万秒差距）的数字。1 秒差距是 3.26 光年（30 万亿千米或 19 万亿英里）。这个速率的奇怪单位来自绘制一个星系的红移速率（以千米每秒为单位）与它到地球的距离（以百万秒差距为单位）的比值。

宇宙膨胀的速率现在被称为哈勃常数。定义这个常数的定律最初被称为哈勃定律（2018 年更名为哈勃－勒梅特定律）。1929 年，哈勃和他的助手米尔顿·休马森（Milton Humason）利用了他们所测量出来的更准确的距离，以及斯利弗的红移数据，来陈述这个定律和他

们对这个常数的计算，给出的值约为 500 千米 /（秒·百万秒差距）。

大多数宇宙学家倾向于对宇宙膨胀的另一种解释。他们不否认它在膨胀，但拒绝接受宇宙曾经是一个非常小的东西。稳态或"持续创造"理论最早由詹姆斯·金斯（James Jeans）在 1920 年左右提出，并在 1948 年由弗雷德·霍伊尔（Fred Hoyle）、赫尔曼·邦迪（Hermann Bondi）和托马斯·戈尔德（Thomas Gold）完善。它表明，随着宇宙的膨胀，新物质不断产生，所以宇宙总是保持相同的密度，总是看起来一样。新物质形成了恒星和星系的组成部分，不同年龄的天体均匀地分布在整个宇宙中。任何观察者在任何时候，从任何位置看到的宇宙在大尺度上都是相同的。在这个模型中，宇宙是永恒的，在时间中没有起点和终点。

萎靡不振的光

瑞士天文学家弗里茨·兹威基（Fritz Zwicky）提出了另一种解释，他提出了"疲倦光"假说。这表明，光发生红移是因为它在长途旅行中失去了能量，而不是因为星系正在远离我们。膨胀宇宙理论和"疲倦光"理论都可以解释遥远的星系和看起来比实际暗淡的恒星的原因。

额外的复杂因素，如时间膨胀和相对论的其他方面，使得遥远的星系在膨胀的宇宙模型中变得更暗，但在"疲倦光"模型中却没有。我们知道年轻的恒星和星系比年老的恒星更亮。如果将这两种理论的预测与观测到的遥远星系的亮度结合起来，膨胀宇宙模型会轻而易举地胜出。年轻的恒星和星系需要更暗，随着年龄的增长，变得越来越亮，这样"疲倦光"理论才会正确。

大爆炸变得更大

尽管一开始得到的反应平淡，勒梅特的提议还是引起了关注，但它并不是一个完全成熟的宇宙模型，所以很多人不太重视它。1948年，乔治·伽莫夫（George Gamow）、拉尔夫·阿尔弗（Ralph Alpher）和汉斯·贝斯（Hans Bethe）发表了一篇具有里程碑意义的论文，改变了这一局面。（贝斯被要求参与，这样论文的作者就可以被列为 Alpher、Bethe 和 Gamow，这是拼出希腊字母表前三个字母——alpha、beta 和 gamma 的智力笑话。）

伽莫夫是苏联化学家，于1934年移居美国，他试图解释宇宙中不同化学物质的相对丰度。他开始怀疑早期宇宙的条件是否支持氦和其他元素的产生。他与年轻的博士生拉尔夫·阿尔弗合作，研究了宇宙从一个密集、强烈的点开始并从那里膨胀的观点。

伽莫夫和阿尔弗设想最初的宇宙是一团密集的中子云（见下页方框图），他们把这个宇宙命名为"ylem"，

不规则星系没有固定的形状和结构。它们一般比螺旋星系或椭圆星系小。有些可能曾经有过不同的结构，但在外部引力的作用下发生了变形。图中为矮不规则星系 NGC 6822。

第一个粒子

伽莫夫和阿尔弗得出结论，早期宇宙包含：

·质子——带正电荷的粒子，质量略小于中子。质子的正电荷正好与电子的负电荷相等。

·中子——在原子核中发现的不带电的粒子。

·电子——带负电荷的粒子，质量很低。

·中微子——不带电的粒子，质量非常小，可能为零；宇宙中最丰富的粒子之一。

ylem 是一个过时的中古英语单词，意思是原始物质。在他们看来，热压缩的中子会随着热宇宙的膨胀而衰变成质子、电子和中微子的混合物。然后，质子会捕获一些中子，形成氘核（重氢，带有一个质子和一个中子）。伽莫夫和阿尔弗提出，越来越多的中子会被捕获，产生越来越重的原子核来创造不同的元素，直到膨胀

的宇宙最终冷却到不能再发生反应的程度。他们在《物理评论》（*Physical Review*）上发表了一篇论文，题目是《化学元素的起源》（"*The Origin of Chemical Elements*"）。

尽管伽莫夫和阿尔弗在增加更多中子的问题上是错误的，但他们所研究的从质子（氢原子核）到氘和氦的过程是正确的，因此他们成功地解释了 99% 的宇宙质量由何种元素构成。同样重要的是，他们给大爆炸（虽然当时还没有叫大爆炸）设定了一个合适的宇宙学模型。让勒梅特的模型成了宇宙学论战的中心，但它还远未普及。

更多大爆炸，更多的经费

宇宙学似乎陷入了僵局。然而，在 20 世纪 50 年代，支持大爆炸理论的证据开始建立起来。在这场争论中出现了一种新的工具——射电望远镜，它对现代宇宙学的重要性不亚于 17 世纪早期光学望远镜对观测天文学的重要性。

来自太空的信号

无线电望远镜是在美国无线电工程师卡尔·扬斯基（Karl Jansky）的一项发现之后发明的。像许多伟大的发现一样，这是偶然的。扬斯基在贝尔实验室工作，研究可能干扰跨大西洋短波无线电传输的干扰源。1931 年，他在一个转盘上做了一个无线电天线，记录了他几个月的时间来研究能追踪的所有静电源。他把附近的静电源和远处的雷暴分开，却留下了一个一直存在无法溯源的背景噪声。一段时间后，他发现最亮的干扰源每 23 小时 56 分钟重复一

乔治·伽莫夫是最早使用大爆炸模型的科学家之一。

名字有什么关系呢?

英国天文学家弗雷德·霍伊尔是宇宙稳态理论的支持者。1949 年,他批评"宇宙的所有物质都是在遥远的过去某个特定时间的一次大爆炸中产生的假设"是"不理性的"和"不科学的"。(他认为大爆炸理论不科学的理由是,大爆炸涉及的是一个看起来可疑的宗教创世时刻。)

过了好几年,"大爆炸"这个词才成为这种有争议的模型的标准标签。1966 年,英国物理学家斯蒂芬·霍金(*Stephen Hawking*)和罗杰·泰勒(*Roger Tayler*)发表了第一篇使用这个词的研究论文。从 20 世纪 70 年代末开始,这个词开始被广泛使用。而另一个批评"大爆炸"的人对"大爆炸"的嘲弄叫法就此消失。这个人就是耶鲁大学哲学家诺伍德·拉塞尔·汉森(*Norwood Russell Hanson*),他认为宇宙因为爆炸而形成如同动画片一样儿戏,就像"迪士尼式的画面"。

次信号。这是恒星日的长度,即相对于恒星时地球自转所需的时间。信号似乎来自银河系中心的方向。根据这些证据,扬斯基得出结论,太空中的天体一定会发射无线电波。

他想继续他的研究,并请求许可建造一个 30 米(100 英尺)的无线电天线,但贝尔实验室对此不感兴趣,因为这对无线电的商业使用没有裨益。扬斯基对射电天文学的研究因此突然中止。

卡尔·扬斯基的原始旋转
无线电天线，绰号"旋转木马"，
用来探测来自银河系中心的无
线电信号。

在大萧条时期，试图说服任何人资助一个没有明确商业价值的新项目并不是个好时机。直到业余无线电爱好者格罗特·雷柏（Grote Reber）在芝加哥郊区的后院建造了第一台无线电望远镜，这一研究才有了进一步进展。在雷柏发现来自太空的无线电波之前，他必须建造三个不同的抛物面碟形反射器，将他接收到的频率先从3 300兆赫减至900兆赫，最后再降到160兆赫。1938年，他接收到了来自银河系的第一个信号。

雷柏绘制了他能探测到的无线电辐射强度的等高线图。最亮的点在银河系中央，但他也认出了天鹅座和仙后座。从1938年到1943年，他定期在天文学和工程学领域公布他的发现。第二次世界大战后，当射电天文学开始腾飞时，俄亥俄大学成立了第一个射电天文学系。

哈勃对遥远星系的研究都是通过光学望远镜完成的。如果天体距离太远，光线太暗，他就无法察觉该天体的存在。根据他的计算，他在1929年的文章中列出的距离地球最远的天体距离地球只有2个百万秒差距。这个天体距离太阳系大约650万光年——远在银河系之外，但在天文学术语中这是一个很小的距离。射电望远镜的出现提供了一些令人震惊的证据，证明宇宙在膨胀，它引入了以前无法想象的距离上的天体。

异常星系

射电天文学家观察星系时，他们发现了一些不寻常且无法解释的天体，它们是非常明亮的无线电源，在几个频率上都向外发射无线电。这些物体被命名为"恒星天体（quasi-stellar objects）"，意思是"像恒星但可能不是恒星的东西"。这个名词很快被缩短为"类星体

格罗特·雷柏和他的
抛物面射电望远镜。他把
它建在伊利诺伊州，但现
在它位于西弗吉尼亚州。

雷柏的无线电信号等高线地图显示，银河
系中心的辐射浓度最高。

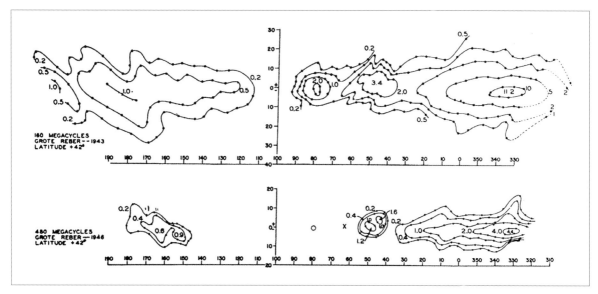

（quasar）"。到 1960 年，人类已经发现了数百个类星体，但没有直接观测到任何一个。

1963 年，一个可见光源首次被匹配到一个类星体上，但这远远没有解决这个谜题，而是让谜团变得更加令人费解。类星体 3C 48 位置的微弱蓝色光源有着未被识别的发射光谱，这意味着天文学家无法计算出它的组成成分。

在 1962 年，荷兰天文学家马腾·施密特 (Maarten Schmidt) 发现了一个与类星体 3C 273 相对应的肉眼可见天体，并记录了它的发射光谱（见第 24 页）。它的波段很宽，与已知元素不匹配；施密特认为它们是氢的天体，存在大量红移。这意味着线的模式（它们之间的间距）是相同的，但整块移动到光谱的红端。近 16% 的红移远比以前观测到的要大得多；如果这是由恒星运动引起的，那就意味着恒星以每秒 47 000 千米（每秒 29 000 英里）的难以想象的速度远离。没有任何东西可以解释如此快速的运动，也无法解释该天体强烈的无线电辐射。进一步研究 3C 273 的光谱，表明它是由氢和镁组成的，它们的红移幅度高达 37%。

尽管红移是无可争议的，但很少有天文学家准备接受它对恒星速度的影响。

这似乎有两种可能的解释。第一个假设是

恒星可能是一个非常遥远、非常强大的天体，移动得非常快。第二个假设认为，它可能是一个较小的天体，离地球更近，一颗直径大约只有 10 千米（6 英里）的恒星，位于银河系附近或内部，其由于某种原因发生红移，而不是由于宇宙膨胀的速度。大多数天文学家倾向于第

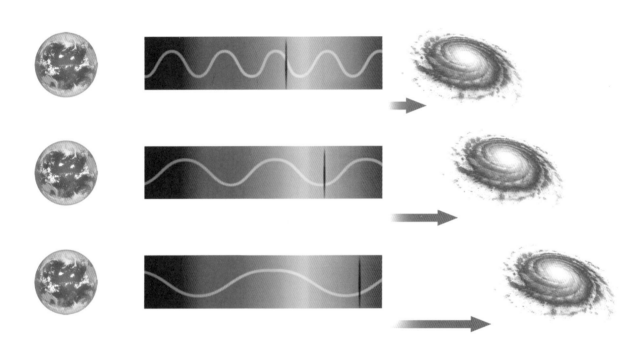

未失真的发射光谱（最上面图）和相同的光谱红移（下两幅图）。图案是一样的，只是光的波长向右移动了。

恒星的光

所有的化学元素在受热时都会发光，而每一种元素都会发出特定波长的光。恒星或其他发光物体发出的不同波长的光带的图样被称为发射光谱。天文学家使用发射光谱来识别恒星和大气的化学成分。

连续光谱

| 400 | 450 | 500 | 550 | 600 | 650 | 700 | 750 |

氢原子发射光谱

| 400 | 450 | 500 | 550 | 600 | 650 | 700 | 750 |

氢的发射光谱（下）与可见光的连续光谱（上）的比较。

类星体瓦解

类星体位于活跃星系的中心，它们由巨大黑洞周围的物质提供能量。当黑洞附近的物质被吸向黑洞时，引力应力和摩擦产生了类星体的巨大能量。类星体是宇宙中产生能量最强大的物体之一。它们发出各种波长的辐射，但它们的可见光很微弱，因为它们离我们太遥远了。如果类星体 3C 273 距离我们只有 33 光年，那么它的亮度将和现在的太阳一样（太阳距离我们只有 8 光分钟）；它发出的光是整个太阳的 4 万亿倍，大约是整个银河系的 100 倍。

二种解释，并推断红移要么是引力（物体的巨大质量扭曲了自身的辐射）的结果，要么是某种迄今未知的过程。然而，施密特赞成第一种解释。虽然人们都不接受遥远的快速运动天体的理论，但该理论最终被证明是正确的。但是，在揭示真实情况和证实类星体距离地球遥远之前，天文学还需要进一步的发展。现在已知的类星体有 20 多万个，最远的大约在 290 亿光年之外。这距离哈勃的星系有 200 万光年，非常遥远。

过去的回声

类星体是第一个证据，表明一些物体正在以难以置信的速度远离我们，而且离我们很远，这与大爆炸理论的预测相一致。随着估计宇宙大小的增长，其起源于一个无限小的点的说法，在大爆炸模型的反对者看来越来越不可能。在类星体的意义被理解之前，一个意外的射电发现提供了支持大爆炸的下一个证据。贝尔实验室再次发挥了作用。

1962 年，为贝尔工作的无线电工程师阿诺·彭齐亚斯（Arno Penzias）和罗伯特·威尔逊（Robert Wilson），试图找出无线电信号的干扰源。他们设法消除了所有的外部信号，但仍然有微弱的背景噪声覆盖了整个天空，不分昼夜，没有变化。这时，他们听说有研究表明，大爆炸的回声可能仍然可以在太空中以背景辐射的形式被探测到。彭齐亚斯和威尔逊意识到，这种神秘的干扰实际上已经存在了数十亿年，它是宇宙微波背景（Cosmic Microwave Background，CMB）电磁辐射，是宇宙起源时留下来的。

在宇宙这个故事中，宇宙微波背景辐射出现的世界比宇宙的第一个时刻稍晚。我们将在第三章中讨论这个问题。但在 20 世纪 60 年代，这首次证实了大爆炸不仅仅是一个绝妙的想法。现在，科学家们面临着一项棘手的任务，那就是找出它到底意味着什么。

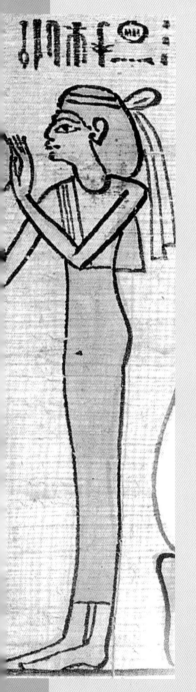

第二章

第一批微时刻

我们有一个可行的，关于宇宙回到 10^{-30} 秒那一刻的理论。目前我们可观测到的宇宙在那个时候比电视屏幕上最小的点还要小，所经过的时间也比光穿过那个点所需要的时间还短。

——乔治·斯穆特（George F.Smoot），2006 年诺贝尔物理学奖得主

正是在宇宙诞生的最初时刻，我们必须寻找它是如何产生的以及它当时情况的线索，最终形成我们所知的一切的基本物质粒子，在第 1 秒就已经存在了。

一幅古埃及人描绘宇宙诞生的图画，显示了时间开始时太阳从造物之丘升起。太阳在其穿过天界的三个阶段中呈现为一个橙色的圆盘。两边是南北的女神，倾出原始的水。在土地上，八位神在锄土。

从零开始

科学家们把宇宙的历史分为不同的纪元，以不同类型的活动为特征。我们倾向于认为纪元是很长的一段时间，但宇宙故事中的第一个时期持续的时间是难以想象的 1 秒的几分之一。第一个纪元，称为普朗克时期（epoch 或 era），从大爆炸的瞬间开始到 10^{-44} 秒。这是一个不可思议的短暂时刻：1/100 000 000 000 000 000 000 000 000 000 000 000 000 000 000 秒。这个纪元的开始是大爆炸的时刻，当时宇宙是无限大的密度和无限小的奇点。物理定律在这种情况下失去作用，所以我们也没什么可说的。

下一个纪元稍微长一点，但也不多——宇宙设法在它存在的第 1 秒钟里塞进了六个纪元。第七纪元持续了整整 3 分钟。到那时，四种基本力已经相互分离，第一个原子核出现了。物理学家花了许多年时间才弄清楚在这短暂的时刻发生了什么。

无中生有

现代物理学认为量子涨落是宇宙突然出现的原因。它不会出现在太空中，因为根本就没有太空。太空在宇宙之中，由宇宙定义。

零能量宇宙理论是由爱德华·特莱恩（Edward Tryon）在 1973 年提出的。它使用了纯粹的热力学平衡，使理论中的宇宙得以存在。由于引力能是负的，而束缚在质量（物质）中的能量是正的，它们相互抵消了。宇宙曾经有（现在也有）零净能量。因此，它有可能在不违反任何能量守恒规则的情况下存在。它可以在某个时刻突然消失，也可以永远存在下去。

开启时钟

从宇宙大爆炸时时空形成的时间开始，我们从那里开始计算时间，在那一刻时间 =0（或 T_0）。问大爆炸之前发生了什么是没有意义的，因为"之前"没有任何意义。这并不一定意味着什么都没有，只是大爆炸重置了一切。可能有更早的宇宙版本，或者更多的宇宙在大爆炸中循环。然而，由于没有任何物理定律或物理状态可以保存下来，所以我们永远无法了解它们。

> *由于大爆炸之前的事件没有观测结果，人们可能会把它们从理论中剔除，然后说时间始于大爆炸。*
>
> *——斯蒂芬·霍金，2014 年*

戏剧性的力量仍然在宇宙中发挥作用,正如这张触须星系(Antennae galaxies)碰撞的照片所示。

宇宙开始运动: 普朗克纪元

人们认为,直到 5.4×10^{-44} 秒左右,物理定律才适用于微小、新生的宇宙。物理学所能提供的最好解释是,宇宙是由真空中的量子涨落而产生的,不过如果不存在空间 – 时间,那么连"真空"也是很难理解的。人们认为量子引力在普朗克时期占主导地位,但由于我们没有任何连贯的量子引力理论,这实际上等于给"我们不知道"起了一个听起来很花哨的名字。

我们不得不让这 10^{-44} 秒暂时保持神秘。

我们从宇宙最初的那一刻开始所拥有的是由它定义的一些测量单位。时空形成的点也是我们可以开始测量它的点。

千克是国际标准化组织中最后一个定下的物理标准的单位——铂铱圆柱体。2019 年，它被一个与普朗克常数和光速相关的定义所取代。

马克斯·普朗克被认为是有史以来最伟大的物理学家之一。他的工作彻底改变了我们对粒子和能量的理解。

自然单位和时空的开端

当我们测量事物时，例如高度、温度、时间，我们使用单位。早期的长度测量是以人体部位为基础的，如手到手肘的距离或脚的长度。为了使用方便，单位必须标准化（我的脚可能比你的小，所以我们商定了一个标准，例如，皇帝的脚的长度）。基于标准的单位只有在已知和可用时才有用。当物理学家想要测量基本的东西时，他们试图使用"自然单位"。这些不是基于任何需要标准的东西，而是通用的。光速，用 c 表示，是一个自然单位。如果我们用 km/s 表示，速度是相同的，但不再用自然单位表示。如果我们要求外星人以 300 千米／秒的速度发送东西，对他们来说毫无意

义。要求他们以光的速度发送，那就没有歧义了。他们可以把它想象成每纳米日弗隆（furlongs per nanoday），或者其他任何单位，但它仍然是光速。当物理学家谈论宇宙早期历史时，有 5 个自然单位，光速是其中之一。

普朗克单位是为了纪念德国物理学家马克斯·普朗克（Max Planck）而命名的，他在 1899 年提出了关于自然单位的想法。第一个系统是由爱尔兰物理学家乔治·约翰斯通·斯托尼（George Johnstone Stoney）在 1874 年设计的，并以他的名字命名为斯托尼量表。斯托尼意识到电荷是量子化的，也就是说，电荷以固定大小且不可分割的小包形式存在。他发现，通过将光速 (c)、引力常数 (G) 和电子电荷 (e) 的值

必须对所有时期和所有文明都保持其意义，即使对外星文明和非人类文明也是如此，它们可能被指定为"自然单位"。

——马克斯·普朗克，1899 年

标准化为 1，他可以推导出长度、质量和时间的自然单位。他的目标是简化那些在其他方面相当复杂的事情。如果把光速简单地写成"1"，描述光速为 299 792 458 米/秒（约 186 000 英里/秒）的表达式显然会变得更简单。普朗克在他的系统中没有包含任何电磁单位，而是推导出了长度、时间、质量和温度的自然单位。当然，早在人们对宇宙的第一个纳米时刻有任何概念之前，他就已经开始研究了。

普朗克单位和时间 =0

几个普朗克单位是在普朗克时期定义的，在 10^{-44} 秒结束。此时普朗克单位设为 1。

·普朗克长度是宇宙在普朗克时期末期的直径，即 1.62×10^{-35} 米。

爱尔兰物理学家乔治·约翰斯通·斯托尼提出了"电子"这个术语，用来表示"基本电单位"。

什么时候 T = 0？

如果宇宙是永恒的，是没有尽头的，它就没有年龄。但宇宙大爆炸回避了一个问题，那就是时间是从什么时候开始的？有意义的计算从 20 世纪才开始，需要使用两种方法：寻找最古老的恒星，以及根据宇宙膨胀的速率计算出它必定开始的时间。通过测量宇宙微波背景辐射得到的最佳数据分别是 2012 年的 13.772 ± 0.059 亿年和 2013 年的 13.813 ± 0.038 亿年。2013 年值的低端在 2012 年的范围内，所以一切看起来都很好。直到 2019 年，对恒星年龄的估计略有不同。然后，根据哈勃太空望远镜收集的数据进行的新的测量表明，宇宙可能比现在的计算年轻 10 亿年。天体物理学家们仍在试图弄清楚哪一种说法是正确的，以及我们是否需要调整我们的宇宙演化模型。

世界怎样运作：宇宙

用开尔文表示冷热

物理学家用开尔文（K）而不是摄氏度来测量温度。该单位与1℃完全相同，但基线是绝对零度，也就是可能的最低温度，即 -273.15℃（-459.67 °F）。那么，水的沸点是373.15K。（开尔文温度没有度数符号。）绝对零度是理论上可能存在的最低温度，因为原子在绝对零度停止运动。它们的移动幅度不能小于零，所以没有比这更冷的了。

·普朗克时间是最小的有意义的时间单位，是一个光子通过普朗克距离（以光速穿越新生宇宙）所需要的时间长度。由于光以大约30万千米/秒的速度传播，所以走这么短的距离并不需要很长时间。普朗克时间是 5.39×10^{-44} 秒。

这些测量值都很小，但普朗克温度却很大：

·普朗克温度表示普朗克时期末期宇宙的温度，即 1.41×10^{32} 开尔文（K）。

光的速度通常被认为是一直不变的，光的速度现在和普朗克时期末期都是 299 792 458 米/秒。

一个时期的结束

在普朗克时期结束时，一切都被设定为1：普朗克时间、普朗克长度、普朗克温度和光速。开始时，普朗克长度为0，温度为无穷大。在此期间，宇宙学家认为，后来构成宇宙的四种基本力被合并为一种力。物理学只有在普朗克时期末期才有能力塑造宇宙的某些东西。此时，如温度降到了 10^{32} K，第一种力——引力，从统一力中"冻结"出来。宇宙的密度当时是惊人的 10^{94} 克每立方厘米。

变化无常的常量

一些物理学家提出，宇宙学和其他计算所依赖的"常数"实际上可能不是常数。相比现在，光速曾经是更快，还是更慢？我们会知道吗？我们怎么知道呢？这有关系吗？关于公认常数的不稳定性的理论不时出现，但大多数科学家对它们持一定程度的怀疑态度。乔治·伽莫夫（见 19 页）写了一系列关于汤普金斯先生（Mr Tompkins）冒险故事的科普书，书中一些常数被改变了。在第一个故事中，汤普金斯先生进入了一个光速为4.5米/秒的幻想世界。

感觉的力量

有四种基本的自然力：引力、强核力、弱核力和电磁力。

·引力作用于有质量的物体之间，把它们拉到一起。它使行星围绕太阳运行。万有引力一直是显而易见的，艾萨克·牛顿在 1687 年出版的《自然哲学的数学原理》中首次在数学上描述了万有引力。

·强核力是四种自然力中最强的一种。它将亚原子粒子结合在一起，使夸克聚变形成更大的粒子（见第 38 页）。人们在 20 世纪 70 年代早期描述了强核力的行为，那时还没证实夸克和胶子（将夸克结合在一起的基本粒子）的存在。

·弱核力也比重力强，但作用于亚原子粒子之间的距离很短。它牵涉到放射性衰变，为恒星提供能量并产生元素（见第 34 页）。1933 年，美籍意大利物理学家恩里科·费米（Enrico Fermi）首次提出了这个理论，并在 20 世纪 70 年代和 80 年代进行了实验验证。

·电磁力在带电粒子之间起作用。它让电子保持在原子的轨道上，并在原子之间形成键。1873 年，詹姆斯·克拉克·麦克斯韦（James Clerk Maxwell）首次正确地描述了电磁学。

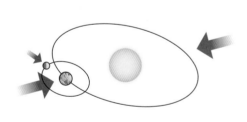

电磁力束缚原子

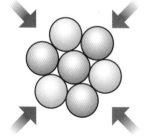

引力把太阳系束缚在一起

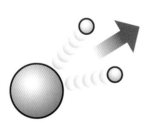

弱核力与放射性衰变有关

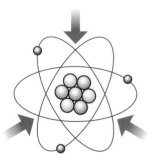

强力使原子核结合在一起

四散开来

普朗克时期之后是大统一时期。从 10^{-43} 秒到 10^{-36} 秒。宇宙学家相信，在这一点上，剩下的三种力——强核力、弱核力和电磁力，仍然是结合在一起的。他们称这种组合为电核力。

在大统一时期末期，强核力挣脱了其他两种力的束缚，只留下电弱力（电磁力和弱核力）作为一种统一的力。1968 年，谢尔登·格拉肖（Sheldon Glashow）、阿卜杜勒·萨拉姆（Abdus Salam）和史蒂文·温伯格（Steven Weinberg）通过在极端能量条件下将弱力和电磁力聚合在一起，成功地创造了电弱力。这证明了电磁力和弱力是同一事物的不同方面，它们在高温下可以结合在一起。

大统一末期的温度是 10^{27}K，宇宙仍然比一个夸克还要小。亚原子微粒的最小组成部分的

巴基斯坦物理学家阿卜杜勒·萨拉姆与谢尔登·格拉肖因在电弱力方面的研究共同获得了 1979 年的诺贝尔奖。他是第一个从伊斯兰国家获得诺贝尔科学奖的人。

强核力相互作用的分离触发了暴胀时期，万物开始变得激动人心，宇宙在一瞬间大规模膨胀。

超级膨胀

虽然宇宙在前两个时期都在膨胀，但速度并不快。如果它以同样的速度持续下去，相对而言，宇宙仍然不会很大。但是脱钩的强核力释放了一种新的能量，导致了短暂但指数级的膨胀。宇宙的直径在 10^{-36} 秒到 10^{-33} 秒的极短时间内增加了 10^{26} 倍。这是一个不可思议的扩展程度，就像 DNA 分子的宽度（2 纳米）扩展到 200 万亿千米（124 万亿英里），或超过 20 光年。线性尺寸增加 10^{26} 倍，体积就增加了 10^{78} 倍。宇宙一开始是如此之小，以至于在宇宙膨胀结束时，它还远远算不上巨大。一些理论家把宇宙在膨胀时期末期的大小比作一粒沙子，而另一些人说它是葡萄柚或篮球的大小，

玻色子的开始

玻色子是携带能量的基本粒子。它们不同于费米子，费米子是构成物质的粒子。标准玻色子，也被称为力粒子，是中介力，这意味着它们产生了物理学中定义的力。玻色子有四种类型：光子产生电磁力，因此产生光、微波，等等；胶子产生强核力——它们的作用就像胶水一样，将亚原子粒子中的夸克黏合在一起；W 和 Z 玻色子产生弱核力，参与放射性衰变。

甚至有几米宽。在这种规模上，这些尺寸并没有太大的不同。

提出暴胀时期增长

1980 年，美国物理学家和宇宙学家阿兰·古斯（Alan Guth）（生于 1947 年）首先提出了暴胀时期。他当时正在寻找"平坦"——宇宙的明显形状的问题的解决方案（见 195 页）。古斯模拟的宇宙经历了一个非常短暂但快速的冷却时期，产生了一个接近指数的膨胀，他称为"宇宙膨胀"。他的模型依赖于一个概念，即引力可以在极高密度下变成斥力，也就是所谓的假真空。假真空的能量将宇宙的各个部分分开，产生膨胀。

该理论解决了平坦和同质性等问题。可观

美国理论物理学家阿兰·古斯在年轻时提出了暴胀理论。

全部或部分？

宇宙膨胀理论，以及宇宙学中几乎所有其他理论，都适用于可观测宇宙。在可观测范围之外可能还有更多的宇宙，但我们对它一无所知，也无从知道它的真实大小。相对而言，我们不太可能看到全部。要想看到全部，我们必须处于宇宙的正中央（因为我们可以在各个方向向同样远的地方观察）。

可观测的宇宙是一个直径 930 亿光年的球体。尽管宇宙只有 125 亿 ~ 138 亿年的历史，但我们可以观测到 465 亿光年之外的物体，这是可观测的宇宙的边缘。这是因为来自 465 亿光年之遥的物体的光，在宇宙还很小的时候，就开始了向我们靠近的旅程，所以它到达我们这儿依然需要时间。

测的宇宙的同质性使宇宙学家感到困扰。尽管宇宙浩瀚无边，但就宇宙微波背景辐射（见第55页）和物质的分布（在大尺度上）而言，它几乎在任何地方都是一样的。宇宙的各个部分相距太远，如果没有宇宙膨胀理论，这种同质性是无法解释的。在古斯的模型中，膨胀是如此之快，以至于微小宇宙的致密同质性在膨胀时没有时间被打乱，所以宇宙只是变得同样同质，但间隔更大。

比光速还快——但并不移动

在暴胀时期，宇宙膨胀速度可能超过光速的观点乍一看是荒谬的，因为没有任何东西（根据爱因斯坦的理论）可以比光速更快，但膨胀实际上并不需要有任何旅行。只是空间在增加，

而在空间中分离的物体并不是真的在移动——它们只是变得更遥远了。其结果是，在暴胀之前相邻的空间区域在暴胀之后会相距如此之远，以至于信息或能量不可能在它们之间传播。它们仍在分离，而光速太低，光子永远无法到达后退的目的地。

简而言之，新的领域

目前还不清楚是什么推动了宇宙膨胀。一种理论认为，强子的离解产生了一个由一种奇怪的玻色子介导的临时场，这种玻色子自"膨胀"以后就没有出现过。"膨胀"是玻色子和场的统称。它不是古斯最初的通胀模型的一部分，而是后来添加的，以使其更连贯，并避免一些问题。宇宙膨胀会在它所

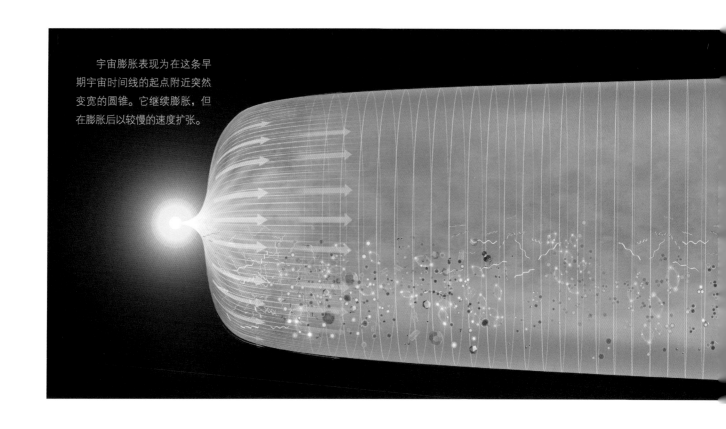

宇宙膨胀表现为在这条早期宇宙时间线的起点附近突然变宽的圆锥。它继续膨胀，但在膨胀后以较慢的速度扩张。

持续的短暂时间内推动膨胀，然后衰弱。随着膨胀的衰弱，宇宙充满了物质和辐射。在另一种可能的模型中，膨胀在局部区域停止，包括我们可观测的宇宙，但在宇宙之外和宇宙之间继续（见 199 页）。

拉伸的虚空

记住，在暴胀时期的开始，宇宙中仍然没有物质，只有量子场。我们可以把量子场想象成产生一种背景噪声，一种真空中的振动水平。由于这些场不是完全均匀分布，所以存在微小的不均等。当膨胀扩大了场存在的空间时，它甚至扩大了场产生的微小起伏，使它们变得更大。场的某些地方比其他地方的变化更激烈。因为扩张是如此之快，以前相邻的区域现在隔得太过遥远，相互之间再也无法沟通了。这些区域实际上都被隔离了。总体上，结构仍是同质的，但规模较小。这种同质性是由非常微小的局部变化组成的，这些变化在更大的尺度上趋于均匀。这一点在以后会变得非常重要：轻微的碰撞和不均等会产生宇宙的粒状结构，决定星系团和其他一切事物的位置。

事物的开端

在暴胀时期的末期，暴胀场的巨大势能被释放出来，重新加热了宇宙，并在宇宙中填充了第一批物质粒子：由夸克、轻子及其相应的反粒子组成的热等离子体。这就是夸克时期，一直持续到百万分之一秒的末尾，也就是 10^{-6} 秒——一个几乎可以把握的时间尺度。

从能量到物质

在夸克时期开始时，温度已经冷却到大约10^{16}K。这对于普通物质的形成来说还是太热了，但对于物质的前体来说就不是这样了。坍缩的暴胀场的能量瞬间使宇宙充满了炽热、稠密的"汤"或基本粒子的等离子体。它由不同的夸克、胶子、轻子和它们对立的物质——相应的反物质粒子、反夸克和反轻子（见下面的方框）组成。粒子之间的碰撞能量如此之大，以至于它们无法黏合在一起形成更大的粒子。相反，它们破坏了夸克，从而产生了新的粒子。这些粒子被物理学家标记为"外来的"。它们包括 W 玻色子和 Z 玻色子（可能是希格斯玻色子）以及胶子。

汤的原料

汤中的基本粒子是夸克、轻子和电子。

· 夸克是亚原子粒子、质子和中子的组成部分。每个质子和中子都由 3 个夸克组成。夸克有 6 种"口味"（种类），形成 3 对夸克：上夸克和下夸克、奇夸克和粲夸克、底夸克和顶夸克。每个都有对应的反物质夸克，被称为反夸克。夸克有一个电荷，我们稍后会看到。

· 胶子，顾名思义，就像一种亚原子胶水。它们是传递强核力的玻色子，当夸克形成质子和中子时，它们能把夸克凝聚在一起。

· 轻子可以是带电的也可以是中性的。它们不受强核力（由胶子提供）的影响。轻子有 6 种类型。3 个带电荷的轻子分别是电子、单子和介子（它们与电子相似，但质量更大）。3 个中性轻子是中微子，它们的质量非常小或为零。

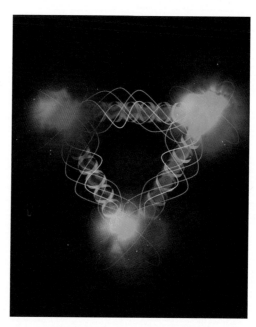

3个夸克被胶子结合在一起形成一个核子。

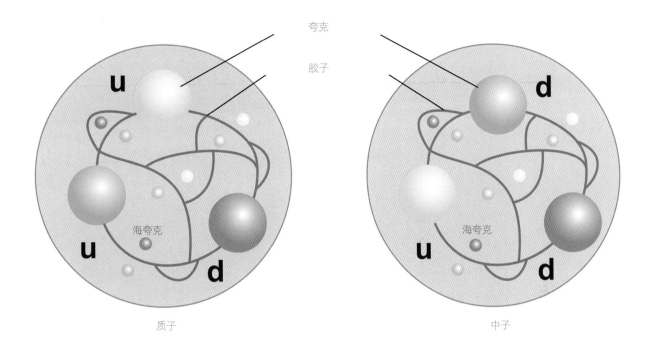

在质子和中子内部，胶子将 3 个夸克结合在一起。胶子不断地分裂成临时的"海夸克"，然后重组。海夸克是虚夸克 – 反夸克对。

黏合在一起

夸克和轻子之间的主要区别是，夸克受到所有四种基本力的影响，而轻子不受强力的影响。这似乎并没有太大的区别（这只是四分之一的力），但这意味着夸克可以不可逆转地结合成普通物质，而轻子可以逃逸。

电子是轻子，是原子物质的重要组成部分，但它们可以很容易地从原子中分离出来（例如，当原子被电离时）。夸克无法从它们所嵌入的物质中移走。一旦黏合在一起，它们几乎就永远留在其中。虽然夸克早在百万分之一秒就存在了，但直到 20 世纪中叶，人们才知道它们的存在。1964 年，两位物理学家——美国出生的默里·盖尔曼（Murray Gell-Mann）和俄裔

美国人乔治·茨威格（George Zweig）分别提出了这一观点。当时，人们普遍认为强子（包括质子和中子）是基本粒子，也就是说，它们不能被进一步分解。盖尔曼和茨威格提出，强子实际上是由更小的部分（夸克）组成的，它们具有电荷，能够自旋。他们提出了 3 种类型的夸克：上夸克、下夸克和奇夸克。仅仅几个月后，又添了一项：粲夸克。第一个夸克存在的证据出现在 1968 年，当时斯坦福线性加速器中心的研究揭示了质子确实不是基本粒子，而其中还有更小的点状物体。

电子——更容易被识别

虽然几乎没有夸克存在的证据，但人们下

39

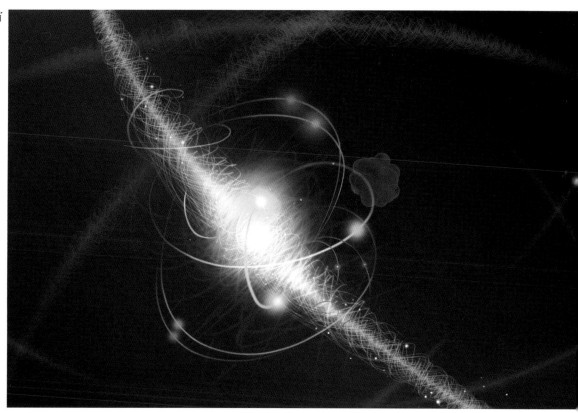

艺术家画的电子绕原子核运动的图像。核是远处的灰色物体（最右边）。

定决心寻找它们，电子的发现则要快得多。电子是第一个被发现的亚原子粒子，甚至在确认原子存在之前就被发现了。

1874 年，乔治·约翰斯通·斯托尼首次

提出了电荷可以被分割成离散的电子包的观点（见第 30 页）。他提出了一个"单一确定的电量"，等于单价离子上的电荷（即带 1 个电荷的离子）。他在 1894 年提出了"电子"这个名字。斯托

"QUARK"还是"QUORK"？

"夸克（quark）"一词来源于詹姆斯·乔伊斯（James Joyce）的实验性小说《芬尼根的守灵夜》（Finnegan's Wake）中的一句话。夸克的提出者默里·盖尔曼解释了这个术语是如何被采用的："1963 年，当我把核子的基本成分命名为'夸克'时，我第一个听到了这个发音，没有拼写，它可能拼成'kwork'。后来，在我偶然阅读詹姆斯·乔伊斯的《芬尼根的守灵夜》时，我在'马斯特尔·马克三夸克'一词中偶然发现了'夸克'这个词。由于'夸克'（意思是海鸥的叫声）显然是为了与'Mark'押韵，以及'bark'和其他类似的词，我不得不找个借口把它读成'kwork'……书中经常出现的一些短语部分出自酒吧里的人叫酒水喊的话。因此，我认为，'马斯特尔·马克三夸克'这一叫法的多个来源之一可能是'马斯特尔·马克三夸脱'，在这种情况下，'kwork'的发音不会完全不合理。无论如何，数字 3 与夸克在自然界中的存在方式完全契合。"

尼认为电荷肯定依附在原子上，不能独立存在。因此，他认为他提出的量子化电荷和（最近的发现）阴极射线之间没有联系。

1869年，德国物理学家约翰·希托夫（Johann Hittorf）发现，让电流通过稀薄气体时，阴极（负极）会发出绿光。随着气体存在量的减少，辉光增加。当时没有人知道阴极射线是什么，有人认为可能是波、原子或某种分子。为了进行研究，威廉·克鲁克斯爵士（Sir William Crookes）在19世纪70年代制造了阴极射线管。英国物理学家J. J. 汤姆森（J. J. Thomson）就是在使用阴极射线管的时候发现了电子——第一个亚原子粒子。

汤姆森用阴极射线管和磁铁做实验，发现绿色光束是由带负电荷的粒子组成的，据他计算，它的重量只有氢离子的1/1 000。唯一的解释是存在一种比原子还小的东西——某种亚原子粒子。以前原子被认为是物质中可能最小的部分。"原子"这个名字来自希腊语atomos，意思是"不可切割的"，是公元前5世纪第一个提出原子的哲学家提出的。汤姆森认为，原子是一团带正电荷的物质，被其所含电子的负电荷所平衡。这就是著名的"葡萄干布丁"原子模型。

汤姆森进一步表明，无论哪种材料用作阴极，电子都是相同的，加热或发光的材料以及放射性物质都可以产生相同的粒子。这是第一个线索，所有的物质都是由本质上相同的成分组成的；是组成不同类型物质的电子、质子和中子的数量和结构在产生变化。

在阴极射线管中，一束聚焦的电子穿过真空，撞击磷光屏，使其发光。

制造夸克汤

物理学家们仍然不知道夸克汤是如何运作或表现的，但他们设法自制了一些。2000年，科学家们在纽约布鲁克海文国家实验室（Brookhaven National Laboratory）的相对论重离子对撞机（RHIC）上首次实现了这一目标。毁灭性的碰撞是通过使用快速粒子加速器，加热重原子的原子核，如加热金或铅到2万亿摄氏度（3.6万亿华氏度）以上，然后以尽可能快的速度让它们相互碰撞。这样能将夸克和胶子甩出来，在它们融合成随机粒子的混合物之前，短暂地重建原始的夸克－胶子汤。这道汤是一种近乎完美的液体，流动时几乎没有黏度。

汤中的块：从夸克到强子

在夸克时期的末期，在 10^{-6} 秒，温度大大降低，达到 10^{16}K 左右。宇宙的大小和我们现在的太阳系差不多，直径约为120亿千米（75亿英里）。冷却的效果意味着粒子相互撞击的能量减少了。当能量低于它们的结合能时，粒子就会黏合在一起。夸克永远被困住了，被胶子黏合在一起。在短暂而辉煌的时期之后，它们用百万分之一秒的自由换来了与物质纠缠的数百亿年。电子在38万年的时间里一直处于自由状态，最后也被并入物质。

夸克黏合在一起形成强子，所以下一个纪元被称为强子纪元。强子有两类，分别为重子和介子。重子由3个夸克组成，而介子一般有1个夸克和1个反夸克。

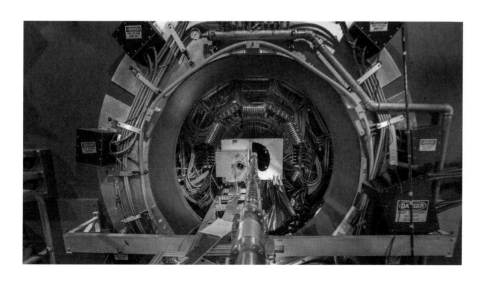

相对论重离子对撞机的恒星探测器，夸克在高能碰撞下从物质中短暂释放出来。

宇宙中大多数普通物质的质量由两种重子组成——它们是质子和中子。这些物质合在一起形成原子核。电子的电荷为 −1，质子的电荷为 +1；中子不带电。最初形成的重子是质子和反质子。产生了一个有 2 个上夸克和 1 个下夸克的质子。每个上夸克带着 +2/3 的电荷，即 +4/3，单个下夸克带 −1/3 的电荷，结果为 +1。这和电子上 −1 的电荷正好相反。反质子也有同样的结构，但用的是反夸克，所以 −4/3 + 1/3 = −1。

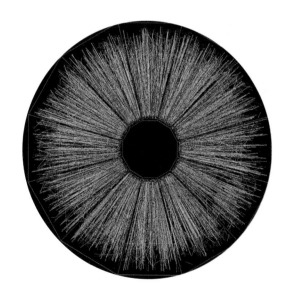

一个氦原子有 2 个质子、2 个中子和 2 个电子。每一个质子和中子是由胶子结合在一起的 3 个夸克组成的。电子是轻子，不能被进一步分解。

清除障碍

你可能会想，如果质子是由夸克之间的随机碰撞产生的，那么产生的反质子就会和质子一样多（物质和反物质一样多）。由于物质粒子和反物质粒子的相遇会导致灾难（它们互相湮灭），这应该会导致宇宙中不存在物质。这意味着创造宇宙的实验将是短暂的，大约在一秒钟内结束。但幸运的是，每 10 亿个反质子中大约有 1 000 000 001 个质子。每 1 000 000 000 次相互湮灭就会剩下 1 个质子。这个过程——质子和反质子的形成和大部分的破坏——被称为重子发生，因为它是重子物质的形成（发生）。从恒星到乌贼再到日常用的胶带，宇宙中一切物质都因为有了质子才得以存在。

进入中性

质子带 +1e 的正电荷。偶尔一个质子也会捕获一个电子，带来一个负电荷 −1e，所以粒子的净电荷为零。这些增强的质子就是中子。在强子时期末期，大约每 7 个质子就有 1 个中子。展望未来，这将决定宇宙中元素的平衡。大多数原子的原子核中质子和中子的数量大致相等，但只有氢没有中子。氢原子核是一个单一的质子。在强子时期有很多多余的质子，宇宙中的氢多到过剩——它是迄今为止最丰富的元素。

相对论重离子对撞机中金离子碰撞的最终图，瞬间释放出夸克，模拟早期宇宙释放出夸克、胶子等离子体。

质子和中子并不是强子时期产生的唯一强子类型。还有介子，这是夸克和反夸克聚合的结果。在这个时期结束时，宇宙已经冷却到一个点（大约 10^{10}K），在这个点上中微子不能再与物质相互作用。它们走上了自己的路，在宇宙中呼啸而过，没有进一步的相互作用，它们仍然是这个状态。

1 秒后

强子时期在大爆炸 1 秒钟后结束。在这一秒钟里，经历了六个时期；四种基本力量已经分离；夸克和轻子突然出现，有些结合在一起形成了第一个重子；许多重子在物质 – 反物质碰撞中相互湮灭；温度从 10^{32}K 下降到 10^{10}K，宇宙的大小从比夸克还小膨胀到比我们的太阳系还大。这是一个忙碌的第 1 秒。

轻子规则

下一个时期是迄今为止最长的，从第 1 秒结束一直持续到第 10 秒结束——整整 9 秒！这是轻子时期。在大多数的质子和反质子相互破坏后，宇宙的大部分质量集中在轻子（电子、介子、单子和它们相应的中微子）上。它们也同时以轻子和反轻子的形式出现。它们继续产生，直到轻子时期结束。在那一点上，温度下降到仅仅 10 亿（10^{9}）K，轻子不能再产生。

轻子和反轻子互相湮灭；电子和反电子（通常称为正电子）相互抵消，结果，电子的数量与质子的数量大致相同。随着轻子时期的发展，构成和破坏是双向的，伽马光子产生了电子 - 正电子对（也导致了它们的消亡）。更重的轻子也产生了，但在这一时期末期衰变成电子和正电子、中微子和反中微子。

所有这些物质 - 反物质的湮灭都产生了大量的能量。当一个质子和一个反质子，或者一个电子和一个正电子碰撞并摧毁对方时，它们的质量就会以光子和中微子混合，以能量的形式释放出来（根据爱因斯坦的方程式，$E=mc^2$）。因此，在轻子时期末期，每 10 亿个光子对应一个质子或中子。

光子发生

当湮灭结束后，宇宙变成了一个由大量的质子、中子、电子和高能伽马光子组成的沸腾的宇宙。这就是光子时期，持续了大约 3 分钟。当光子高速旋转时，它们经常与电子相撞。这导致电子振动，向不同方向发射不同的光子。光子向各个方向散射电子。因此，光子不会像你把一束光射进干净的空气那样，以光束的形式穿过空间。相反，宇宙是不透明的，就像手电筒的光线照进了一层雾里。

核时期

到了光子时期的末期，温度已经足够冷却，使得质子和中子能够聚集在一起并保持在一起。这是核合成（Nucleosynthesis）时期，第一个原子核（除了氢）产生了。它持续了大约 17

在雾天，光线和平常一样多，但我们看不见，因为空气是不透明的——光子在水分子之间来回反弹。在光子时期，它们以类似的方式弹回电子。

分钟。

质子是氢原子的原子核。当一个质子和一个中子聚集在一起时，它们就会产生重氢，也就是氘。这个仍然带 1 个单位的正电荷，因为中子不带电荷，但它的质量是正常的氢核的 2 倍（普通的氢叫作质子）。在核合成过程中，氘是建造除

重氢

1931 年，美国物理学家、化学家哈罗德·尤里（Harold Urey）发现并命名了氘。不过，他在发现中子的前一年发现了它，因此对它的结构暂时还不清楚。在发现氘后不久，尤里和其他人生产了"重水"样品，其中的氘已经高度浓缩。

除了氢，大多数原子核是由恒星产生的，但氘是个例外。大部分存在的氘是在宇宙诞生的前 20 分钟产生的。事实上，氘在恒星中心处被摧毁的速度比它产生的速度要快，所以它的数量可能正在减少。

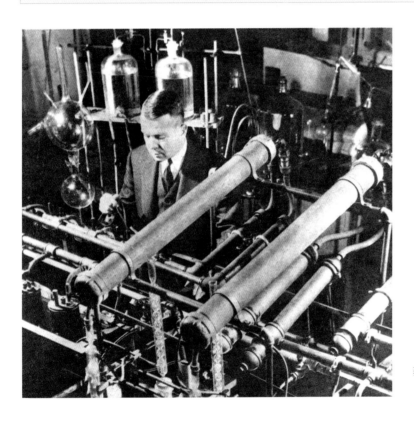

哈罗德·尤里因发现氘而于 1934 年获得诺贝尔化学奖。

氢以外的物质的第一步。

核合成氘的时候几乎没有停顿。起初，宇宙非常热，每个粒子的平均能量都高于将中子和质子结合在一起的弱键能。这就意味着氘的粒子刚形成就又分裂了。这个"氘瓶颈"持续了几分钟，直到宇宙冷却到足以形成氘并保持完好。但是氘不是很稳定。如果两个氘核相遇并黏合在一起，它们就会形成一个氦核，包含 2 个质子和 2 个中子。大部分形成的氘立即聚变成氦。在这个时期末期，每 100 万个质子中只有大约 26 个氘原子。这个比例在像土星这样的气态巨星中仍然存在。

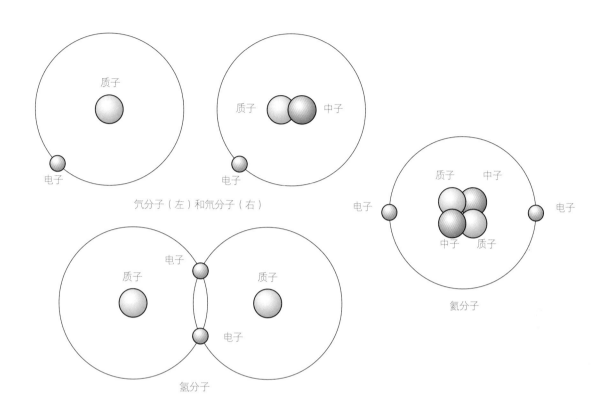

氕分子（左）和氘分子（右）

氦分子

氢分子

向前发展

　　核合成末期产生的大部分物质以氢（一开始就存在）和氦的形式存在，还有元素周期表中的锂以及少量的铍。这四种元素都出现在额外的同位素（带有不同数量中子的核）中：氦-3（氦有 2 个质子，但只有 1 个中子，而不是 2 个），锂-7（锂有 4 个而不是 3 个中子），铍-7（铍有 3 个，而不是 4 个中子），和一个数量小、不稳定的氢元素的同位素，叫作氚（1 个质子和 2 个中子）。

　　较重的元素（以及大多数锂和铍）是在很久之后才产生的。幸运的是，有大量质子过剩意味着当时间到来时，会有大量的质子可供使用。

　　到核合成时期结束时，所有将要被制造的核材料都已经存在了。一些原子核后来结合成较重的元素，但是宇宙现在完全拥有了它所有的基本物质。在宇宙诞生仅 17 分钟时，你身体的每个原子和你周围一切事物中的质子和中子就已经存在了。

第三章

黑暗中可见

没有光，但有可见的黑暗。

——约翰·弥尔顿（*John Milton*），《失乐园》（第一卷）

大爆炸看起来根本不像传统中描述的大爆炸，甚至根本看不见（即便有生物的眼睛能看到，大爆炸也是不可见的）。在第 1 秒产生的光子被捕获，前后反弹，379 000 年都没有逃脱。

上帝说：要有光，于是就有了光。在比利时迪南的圣母院，人们在彩色玻璃上绘制了《旧约》中创世纪的故事

宇宙中的战斗

较轻元素的核在核合成过程中形成时，另一个时期开始了。核合成与光子时期重叠。最早期的核反应只持续了几分之一秒，核合成大约需要 17 分钟，相比之下，光子时期看起来几乎是无穷长。光子时期从大约 10 秒开始一直持续到 37.9 万年——大约是之前所有时代总和的 1 万亿倍。

虽然所有的原子核在核合成时期结束时是固定的，但是宇宙中能量和物质的平衡仍然非常有利于能量。出现的大部分重子和大量轻子在与它们对应的反粒子相遇后湮灭，产生了大量过剩的光子和中微子。在此之前，每 10 亿个光子对应 1 个核子（质子或中子）；现在一些核子结合在一起了，这个比率更有利于光子。

系统的大部分质量以光子的形式存在，它们微小的质量被巨大的数量弥补。

物质和能量

爱因斯坦的方程式 $E=mc^2$ 告诉我们，质量和能量是可以互换的。在方程式中，E 代表能量，m 代表质量，c 代表光速。物质碎片的能量等于其质量乘以光速的平方（这是一个非常大的数字）。这就是完全摧毁物质，将其原子撕裂所释放的能量。这是可能的，因为最终构成物质的粒子是能量的小斑点、能量云或弦。我们不会认为桌子是由能量构成的，我们认为它是物质。但是它的组成原子可以还原为能量。当科学家们谈到宇宙的能量与物质的比例时，它们指的是纯能量的物质，不与任何具体物质相联系，且与我们所认为的物质相对立，即在空间中有延伸的物质，比如质子、列车、月球、树木或气体云。

阿尔伯特·爱因斯坦令人吃惊地在其狭义相对论中提出的著名方程式揭示了物质和能量本质上是相同的东西。

失去能量

宇宙仍在膨胀，所以光子和物质（核子）变得更加分散。随着宇宙的膨胀，光子的波长也随之延伸；这反过来又减少了它们的能量。这和我们看到的远离我们的物体发出的光的红移效应是一样的（见第17页）。空间的膨胀对物质没有同等的影响。

在宇宙大爆炸7万年后的某个时候，膨胀消耗了光子大量的能量，使得平衡向物质倾斜。在56亿年前，平衡再次发生了改变，所以现在的能量，具体地说，暗能量再次占据主导地位（见192页）。

讽刺的是，一个充满光子的宇宙是黑暗的。物质的等离子体散射光子，使它们在粒子之间来回跳动，其结果就像雾散射光一样，结果宇宙是不透明的。那时的宇宙仍然太热，光子轰击也始终不停歇，原子核和电子相撞时无法聚集在一起。高能量的撞击使它们再次相互碰撞。

原子与光的形成

宇宙继续膨胀和冷却，光子的波长继续减少，能量水平相应下降。最后，大约在大爆炸37.9万年后，粒子之间的碰撞不再有那么大的能量，最终原子核能够捕获并抓住电子。在这个被称为重组的过程中，第一批原子产生了。与此同时，宇宙变得透明，因为光子可以不受阻碍地穿过宇宙。此时，宇宙达到了银河系的大小，温度在3 000K左右。

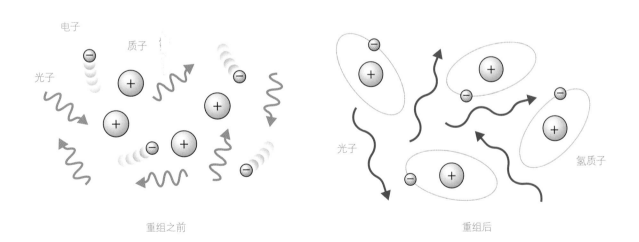

随着能量水平的下降，质子能够捕获并吸引住电子，形成氢原子。

汇聚

质子带正电荷，而中子不带电荷，因此在核合成过程中形成的每个原子核都带有与其所拥有的质子数相等的正电荷。氢的电荷是 1+，氦的是 2+，锂的是 3+，铍的电荷是 4+，不存在有 5 个质子的稳定原子核。这意味着不可能跳到 6+（碳）并继续形成更大的原子核，所以铍是早期核合成形成的最大的原子核。

所有的电子都带同样的负电荷 −1。虽然在正物质和负物质之间存在着一种天然的电磁吸引，但早期宇宙的碰撞能量非常大，以至于粒子会反弹。一旦能量下降到足够吸引力胜出的程度，原子核就会抓住适当数量的电子来平衡它们的正电荷，于是第一批原子诞生了。

原子现在是中性的——它们不带电荷。这意味着光子不再与它们发生强烈的相互作用，而是在被称为光子去耦的过程中被释放出来，顺其自然。这就是光子时期的终结。这段时间也被称为"最后散射"时间，因为光子不再被宇宙中的带电物质随机散射。它们可以自由移动，宇宙变得透明。释放出来的光子形成了宇宙微波背景辐射（见第 55 页），我们今天仍然可以对其进行研究。

电子和更多

正如我们所见，J.J. 汤姆森在 1897 年发现了第一个亚原子粒子——电子。在他的原子模型中，电子在正电荷云中随机穿梭。这个模型很快就被推翻了。

1909 年，来自新西兰的物理学家欧内斯特·卢瑟福（Ernest Rutherford）在英国曼彻斯特研究辐射。他把研究中比较乏味的部分委托给了一位叫欧内斯特·马斯登（Ernest Marsden）的博士生。马斯登的任务是通过真空

J. J. 汤姆森和他的学生在英国剑桥的卡文迪许实验室。欧内斯特·卢瑟福在中间一排左数第四；汤姆森双臂交叉坐在第一排中间。

将镭的放射性衰变产生的阿尔法粒子发射到一片薄薄的金箔上，并跟踪它们的路径。令人惊讶的是，他发现一小部分粒子以很大的角度发生偏转，有些甚至直接反弹回来。根据汤姆森的原子模型，这是完全不可能的。弥漫的正电荷云不能产生如此强的排斥力。唯一的结论是这个模型肯定是错的。

卢瑟福建立了一个新的原子模型，其中所有的正电荷都集中在一个非常小的中心（原子核）；电子在外面，在一定距离外绕轨道运行，所以原子大部分是空的。少数的阿尔法粒子如果太靠近带正电荷的原子核，就会发生偏转。其余的直接穿过原子的空荡荡的空间。卢瑟福在1919年发表了原子核中存在质子的发现，不过他最初的发现是1911年发表的。1913年，

丹麦物理学家尼尔斯·玻尔（Niels Bohr）改进了这个模型。他提出，电子并不是在原子核周围随机游走，而是在指定的壳层或轨道中运行，就像行星以固定的轨道围绕恒星旋转一样。

量子迁跃

在20世纪20年代，这些轨道与能级联系在一起。电子相对于原子核的位置受到它所具有的能量的限制。如果它被提供了更多的能量（来自光子），它可以迁跃一个能级到另一个轨道。如果它下降一级，它会释放能量，还是以光子的形式。这一发现对解释恒星和其他物体的光谱意义重大。从一个轨道到另一个轨道的微小迁跃被称为量子跳跃或量子迁跃。与通常的用法相反，它强调的是可能做到的最小步骤。

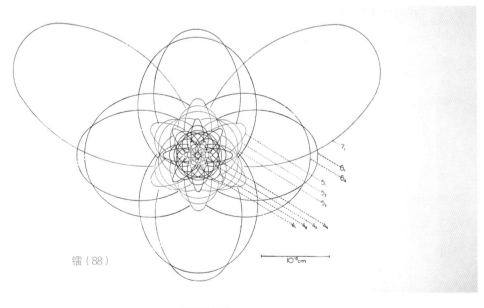

镭（88）

镭原子结构

玻尔1926年绘制的镭原子结构图展示了其88个电子轨道的不同形状。

中子

1932 年，英国物理学家詹姆斯·查德威克（James Chadwick）发现，原子核里有不带电荷的粒子，这些粒子被称为中子。中子的发现解释了原子质量和原子序数这两个在化学中很重要的数字之间的区别，也为利用核能铺平了道路，因为用中子轰击原子可以把它们炸开，释放出数值巨大的能量。

1932 年，詹姆斯·查德威克利用这个小电离室发现了中子。它通过照射铍产生的中子束探测到从石蜡中发射出的质子。

背景中的宇宙波

光子的解耦意味着它们可以向各个方向自由奔逃。这种能量的突然爆发，如果有的话，就是"大爆炸"的"闪光"。光子不得不等待了近 38 万年才得以逃脱。

当然，宇宙的膨胀和冷却并没有就此停止。随着光子的移动，它们之间的空间继续膨胀，宇宙继续冷却。就像膨胀的太空在解耦之前延长了光子的波长，且一直持续到现在。在光子解耦之前，它一直在这样做。现在光子有了微波辐射的波长，它们散布在可观测的宇宙中，其存在可能还超出宇宙范围，并且形成了宇宙微波背景辐射。宇宙微波背景辐射实际上是宇宙早期能量状态的"化石"，是大爆炸的余晖。现在它在约为 2 毫米（微波大小）的波长上"最亮"；可见光的波长则只有上述波长的1/4 000。这种背景辐射的波长将继续延长，最终（在遥远的未来）无法被探测到。

为什么会有宇宙微波背景辐射

我们现在依然还能观测到宇宙微波背景辐射似乎有点奇怪。毕竟，如果我们把石头扔进水池，涟漪不会冻结，等待多年后能被观察到。但池子并不是整个宇宙。大爆炸的能量无处可去，因为没有"其他地方"。当我们把石头扔进池中，涟漪的能量会消散，因为池的边缘有很多"非池"。宇宙微波背景辐射的能量永远被困在宇宙中。光子仍然在我们周围：每立方厘米空间中大约有 400 个宇宙微波背景辐射光子。

发现宇宙微波背景辐射

宇宙微波背景辐射是在 1964 年偶然发现的，但早在近 20 年前就被预测到了。在研究大爆炸后元素的合成时，拉尔夫·阿尔弗（见第 19 页）提出依然可能找到遗迹辐射并做了计算。在与罗伯特·赫尔曼（Robert Herman）的合作中，他意识到那个时候的辐射应该在 5K 左右的温度下能看到。阿尔弗和赫尔曼在 1948 年发表了他们的研究结果，但没有人说服任何人寻找辐射。

我们看到，宇宙微波背景辐射是由两位射电天文学家，阿诺·彭齐亚斯和罗伯特·威尔逊发现的，他们实际上并没有寻找这种辐射。1964 年，他们利用一种新的高灵敏度天线研究宇宙无线电波，该天线的研究目的是接收第一批通信卫星反射的无线电信号。他们遇到了很多干扰，背景信号比预期的要大。彭齐亚斯和威尔逊消除了他们能想到的所有可能的干扰源，但这种干扰还在继续。由于排除了所有可能来自地球的干扰，他们得出的结论是，干扰一定来自天空。因为这是同样的昼夜，同样的夏天和冬天（因此与地球与太阳的位置无关），他们断定干扰源不在太阳系内。

彭齐亚斯和威尔逊一度怀疑这种干扰是筑巢的鸽子造成的，于是把它们全都赶走，清理它们的粪便，但是干扰始终存在。

电视上的宇宙

在波长为毫米的情况下，宇宙微波背景辐射的亮度非常高，失去调谐的模拟电视机的静电干扰画面部分由此而来。电视机上的雪花点图像一部分来自宇宙微波背景辐射，适于寻找宇宙的源头。现在有模拟电视机的人并不多，但用高质量的收音机，你仍然可以听到大爆炸的声音。约百分之一的清晰信号之间的静电噪声是宇宙微波背景辐射，所以你可以去调谐你的收音机，听听宇宙始源发出的闪光，这种闪光一直延伸到现在，变成了你以声音形式收到的无线电波。

与此同时，普林斯顿大学的三位天体物理学家正准备寻找宇宙微波背景辐射。罗伯特·迪克（Robert Dicke）、吉姆·皮布尔斯（Jim Peebles）和大卫·威尔金森（David Wilkinson）希望在彭齐亚斯和威尔逊的神秘信号所代表的光谱区域找到光子去耦的微波遗迹。麻省理工学院物理学教授伯纳德·伯克（Bernard Burke）看到了他们论文的预印本，就告诉彭齐亚斯和威尔逊。彭齐亚斯和威尔逊意识到，普林斯顿大学三位科学家的预测与他们受到的干扰相符，他们可能已经发现了宇宙微波背景辐射。当普林斯顿大学的研究小组查看该天线时，他们证实了这确实是他们所寻找的宇宙微波信号。这两个研究小组都在1965年

的《天体物理学杂志》上发表了他们的研究成果。彭齐亚斯和威尔逊的这篇论文措辞极其低调，标题平淡无奇："A Measurement of Excess Antenna Temperature at 4080 Mc/s"，并没有直接提及其意义。即便如此，在期刊把文章发表出来之前，《纽约时报》还将此事作为头条新闻报道了出来。1978年，彭齐亚斯和威尔逊因他们的研究成果获得了诺贝尔物理学奖。

宇宙微波背景辐射的识别是最重要的科学发现之一，是大爆炸模型正确的有力证据。光子解耦产生的大规模闪光同时在各个地方释放，这就是为什么宇宙微波背景辐射出现在我们周围，而且没有定向源（这正是让彭齐亚斯和威尔逊最初感到困惑的特征）。宇宙微波背

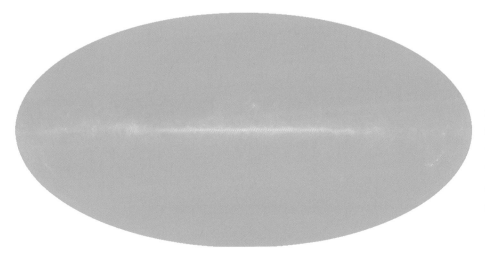

如果彭齐亚斯和威尔逊能够用他们的设备绘制出整个天空的地图,他们就会看到这样的景象:一致性。灰色地带是银河系所在的平面,遮蔽了背景辐射。

太空之前是橙色的

正如我们所知,太空是黑色的。然而,光子解耦释放出来的闪光却是橙色的。这可以从当时的温度计算出来,大约是 3 000 K。在这个温度下,大多数光子在红外范围内,但也有足够的可见光谱让光看起来是橙色的(如果我们亲眼看到的话)。冷却的宇宙延长了所有光子的波长,所以现在没有宇宙微波背景辐射的可见光光子,太空看起来是黑色的。

景辐射被带着穿过膨胀的宇宙,尽管波长随着膨胀而增加,但辐射将继续无处不在。

不均匀的宇宙

宇宙微波背景辐射的一个重要特征是,它惊人地遍及整个天空。这证明整个可观测宇宙最初是均匀的,而且要小得多。当宇宙膨胀时,均匀性仍然存在,只是变得更分散了。但是宇宙微波背景辐射并不是完全同质的。温度的变化反映出微小的波动。这与宇宙原始结构的微小变化相对应,现在这种变化被膨胀放大了。尽管这些变化是由膨胀前的量子不规则性引起的,它们是微小的,但它们足以为宇宙的结构播下种子。这些微小的变化导致膨胀在略有不同的点上停止。这反过来产生了辐射和物质的不均匀分布,产生了热点和冷点。这些变化在暴胀之后甚至不可能出现,因为光速成了一个限制因素——它们之间的距离太远,能量无法在它们之间移动。

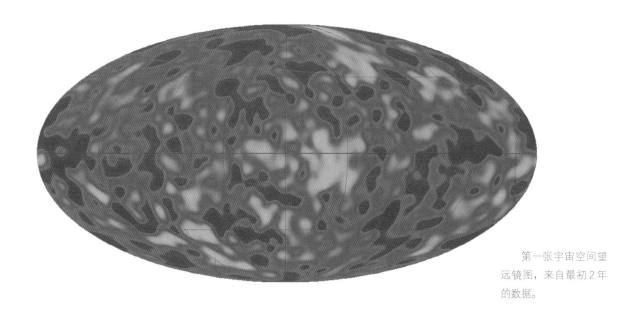

第一张宇宙空间望远镜图，来自最初 2 年的数据。

测量宇宙微波背景

测量宇宙微波背景辐射并发现其变化成为天文学家的一项重要任务。如果彭齐亚斯和威尔逊能够在整个天空中测量它，他们的辐射图就会显示出完全一致的东西——但他们没法做到。

美国国家航空航天局的宇宙背景探测卫星（COBE）在 1989—1996 年完成了一项任务，比彭齐亚斯和威尔逊更精确地绘制了整个天空。宇宙望远镜绘制了第一张宇宙微波背景辐射的全天空图。该研究发现，宇宙微波背景辐射具有近乎完美的黑体光谱，但并非完全均匀：辐射有非常微小的变化（各向异性），对应比例大概为十万分之一。负责这项工作的两位科学家乔治·斯穆特（George Smoot）和约翰·马瑟（John Mather）在 2006 年获得了诺贝尔物理学奖，诺贝尔奖委员会将这一发现视为宇宙学作为一门精确科学的开端。这些发现也为另一种稳态宇宙模型敲响了丧钟，因为这些发现完全符合对大爆炸的预测。

COBE 后

下一个绘制宇宙微波背景图的任务将会更加详细。2001 年，威尔金森微波各向异性探测器（Wilkinson Microwave Anisotropy Probe，WMAP）发射升空，它的发现彻底改变了我们对宇宙的认识。它给出了第一张比例精细的宇宙微波背景辐射的详细结构图（全天空分辨率为 0.2 度）。但迄今为止最详细的图是由欧洲航天局（European Space Agency，ESA）2009 年发射的普朗克探测器收集的数据绘制的，该任务一直持续到 2013 年。它完成了 5 次全天空扫描。WMAP 和普朗克传回的关键发现是：

· 宇宙的年龄是 137.7 亿年（WMAP）或 138 亿年（普朗克）。

· 宇宙微波背景在天空中的变化分布与最简单的暴胀模型的预测相吻合。

· 正常的原子（重子）物质只占宇宙的 4.6%

WMAP 地图，来自 9 年的数据。

（WMAP）或 4.9%（普朗克）。

· "暗物质"（不是由原子组成的）占宇宙总量的 24%（WMAP）或 26.8%（普朗克）。

· 宇宙中 71.4%（WMAP）和 68.3%（普朗克）的能量是神秘的"暗能量"。

· 宇宙密度变化的大小在大尺度上比在小尺度上略大——这一发现支持了宇宙膨胀理论。

从不均匀到星系团

WMAP、普朗克和更早的图揭示的宇宙微波背景温度的微小不均等，将在未来数十亿年里，导致宇宙出现巨大的结构变化。温度稍高的区域，也就是能量更高的区域，将成为引力坍缩以及物质和能量集中的焦点。这些区域最终会被星系团占据。

较冷的区域显然是宇宙中贫瘠的空间。然而，在光子去耦的问题上，这还有很长的路要走。恒星和星系的形成将是下一个时期的工作。

最后散射面

如果我们坐在地球上或靠近地球，测量从各个方向射向我们的宇宙微波背景辐射，我们所测量的光子是从 12.1 亿年到 134 亿年之间从它们的起点到达地球的，具体取决于宇宙的年龄。那些恰好在这个时刻到达这里的光子的起始点都与我们的距离相等，这在所有的可能性里都定义了一个球形表面。这个假想的表面叫作"最后散射面"。

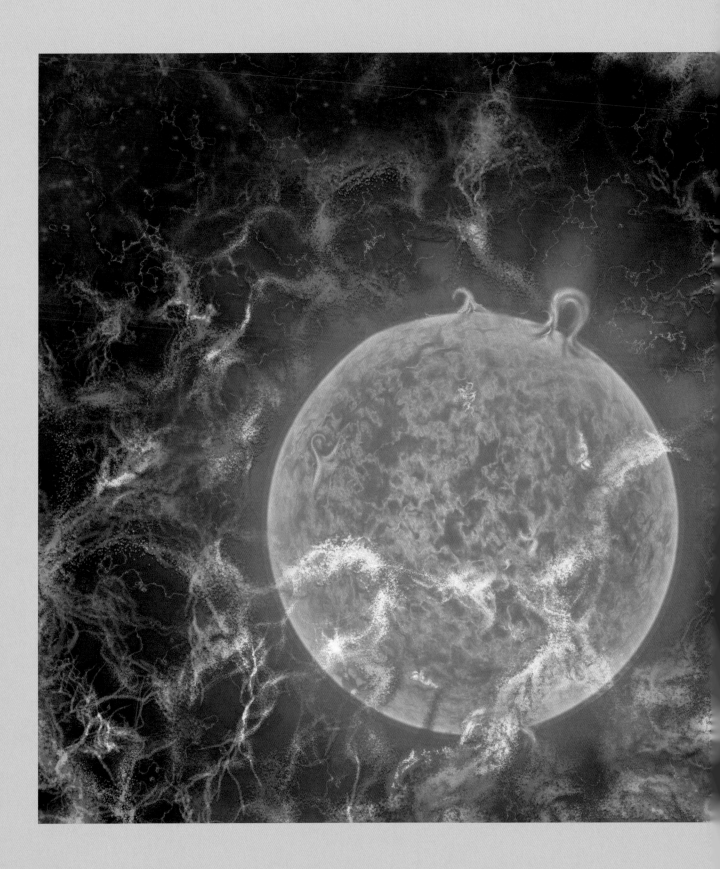

第四章

星光闪，星光亮

目睹可塑的自然为此目的，

单个原子互相靠近，吸引，

吸引到已就位的下一个。

形成并促使其邻居伸出双臂。

接下来看赋予各种生命的物质汇聚，

大道由此现。

——亚历山大·蒲柏（Alexander Pope），《人论》，1734 年

第一批恒星是由氢和氦的凝聚云产生的，大约在大爆炸 1.8 亿年后形成。宇宙的大尺度结构是在同一时间形成的。宇宙开始成为我们现在熟悉的地方。

艺术家对最早的恒星之一的印象——发出蓝色的光。它们完全由氢和氦组成，在太空中被更多的氢包围着。

2019 年，一个桌子大小的微型射电光谱仪检测到氢吸收来自太空背景特定波长的辐射的指纹。该设备安装在澳大利亚西部的沙漠，远离所有的无线电干扰源。它证实了第一批恒星在大爆炸 1.8 亿年后形成，结束了宇宙的黑暗时期。

在黑暗中

光子去耦的光爆发之后是一个完全黑暗的时期，有时被称为宇宙黑暗时期。任何可能已经发射出来的短波辐射都会被遍布宇宙的气体迅速吸收。我们只能根据我们所知道的之后的时间，通过计算机模拟来推测宇宙黑暗时期可能发生的事情。在黑暗时期，宇宙在某种程度上发生了变化，从与宇宙微波背景中化石般均匀、平滑的宇宙变成了高度结构化的宇宙，其中有物质密度非常高的区域，也有几乎是真空般的区域。

聚在一起

我们最好的理论认为引力起了主要作用。我们可以看到在宇宙微波背景中保存下来的微小不规则区域成了物质积累的焦点。引力将其他物质和能量吸引到已经有更多物质和能量的区域。结果是，一些区域聚集了足够多的物质，并以越来越大的力量将一切向自己拉去，由此形成了第一批恒星，时间点大概在大爆炸后的 1.5 亿~1.8 亿年。

揭示重力

在很长一段时间里，物质之间存在着某种吸引力的概念从日常经验来看是显而易见的。印度数学家婆罗门笈多（Brahmagupta，公元598—668 年）首先将重力描述为一种阻止物体从大地上坠落到其他地方的吸引力，他使用了"gurutvakarshan"这个术语，大致意思是"被大师吸引"。印度早期的天文学家和数学家瓦拉哈米希拉（Varahamihira，公元505—587 年）曾说过，可能存在某种力，可以阻止物体飞离地球，使天体保持在正确的位置，但他没有给这种力起名字。

我们所知道的第一个着手研究引力的人是意大利科学家伽利略·伽利雷（Galileo Galilei，1564—1642 年）。他对亚里士多德关于重的物体比轻的物体下落速度快的说法提出了异议。他（可能）进行了一场涉及"自由落体实验"的演示，从比萨斜塔的顶部往下抛球，来证明形状相同但质量不同的物体同时落地。他证明了物体以不同的速度下落是因为空气阻力，而不是重力。不管这件事是否与斜塔有关，伽利略肯定是通过让球滚下斜坡来测试重力的作用的。

> 物体落向地球是地球吸引物体的本质，就像水流动的本质一样。
>
> ——婆罗门笈多

伽利略被证明是正确的

1971 年阿波罗 15 号登月任务的指挥官大卫·斯科特（David Scott）证明伽利略是对的——如果去除空气阻力，物体的确会以同样的速度下落。与此同时，斯科特扔下了一把金属锤子和一根从一只名叫巴金斯的猎鹰身上取来的羽毛。两者同时落在月球表面。

伽利略从比萨斜塔扔下一颗炮弹和另一个球形物体的想象图。

让行星保持在所处位置

伽利略的工作为艾萨克·牛顿更著名的研究奠定了基础。牛顿生于 1642 年，也就是伽利略去世的那一年，他在他最重要的著作《自然哲学的数学原理》一书中首次提出了关于引力的数学公式，该书于 1687 年出版。另一个可能是虚构的故事描述了牛顿坐在一棵苹果树下，被掉下来的苹果砸中了头部。这一经历激发了他去研究促使苹果掉到地上的力量。他的万有引力平方反比定律指出作用于两个物体之间的万有引力 F 由以下公式得出：

$$F=G\frac{m_1 m_2}{r^2}$$

其中 m_1 和 m_2 是两个物体的质量，r 是两个物体中心之间的距离，G 是引力常数。如果两个物体（比如行星和它的卫星）之间的距离加倍，引力就会减小到原来的 1/4（$1/2^2$）。力作用于物体之间，但这种影响在质量较小的物体上最为明显。这就是为什么苹果更容易落到地上，而不是大地升起来去接触苹果。

当人们发现天王星的观测轨道与预测的行为不符时，牛顿的引力理论因此得到了最好的

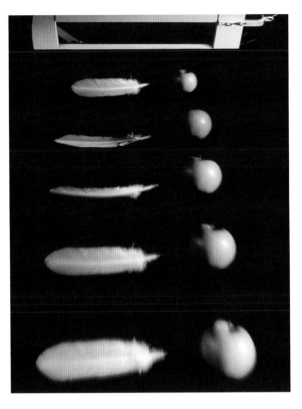

牛顿的万有引力定律是由一根羽毛和一个苹果在真空室内一起落下来证明的。

证明。天文学家认为一定有另一颗行星在自身引力的影响下扰乱了天王星的轨道。约翰·库奇·亚当斯（John Couch Adams）和奥本·勒维耶（Urbain Le Verrier）利用牛顿的理论独立预测了一颗新行星海王星的位置。这颗行星是在 1846 年被发现的。

重力的形状

在《自然哲学的数学原理》出版之后的 200 多年里，没有人对重力有更多的了解。然后，阿尔伯特·爱因斯坦在 1915 年发表的《广义相对论》中重新评估了这个理论。爱因斯坦将引力描述为一种发生在有质量物体周围的时

> 我推断，使行星保持在轨道上的力，一定与它们的自转半径有关；并由此比较了使月球保持在轨道上所需的力和地球表面的引力；发现它们的答案几乎差不多。
>
> ——艾萨克·牛顿，1687 年

由巨大的行星产生的引力造成的时空变形。

空扭曲，而不是一种作用于两个物体之间的某种力。

这可以通过二维类比来描述，一张毛毯被绷紧，一个沉重的球落在上面。球使毛毯表面变形，让接触点往下略微下沉。如果小球掉到毯子上，它就会滚向大球。小球滚动并不是因为大球吸引它，而是因为毛毯弯曲的表面迫使它滚动。大质量物体造成的时空扭曲与此类似，但其作用于三维空间而不是二维空间。每一个有质量的物体都会造成一些时空扭曲，只是小质量的物体没有大质量的物体有那么大的影响。

大多数物体遵循牛顿的引力模型，但也有一些情况是爱因斯坦的公式和相关方程式可以描述而牛顿定律不能描述的。

弯曲的光

一个特别重要的发现是引力可以影响光。我们通常的理解是光沿直线传播，但这需要我们定义什么是直线。在平面上，两点之间最短的距离是直线，平行线永不相交或分叉。但在曲面上，如球体上两点之间的最短距离是测地线——大圆的一部分，就像环绕地球的赤道。我们更可能认为赤道是一条曲线而不是一条直线。

当引力使时空变形时，光或其他电磁辐射会走最短路径，但这条最短路径是通过一条曲线，所以它不是真正的"直线"。

爱因斯坦预测，来自遥远恒星的光会按照一条被太阳引力场扭曲的路径传播。他推断，这意味着恒星会出现 1.75 秒弧（大约是满月宽度的千分之一）的偏转。牛顿的理论中也有光

1919 年，爱丁顿长途跋涉来到巴西。图中为爱丁顿用来观测日食的望远镜。

因重力而偏转的理论，只是偏转的程度较轻，只有 0.86 秒弧。测试这个理论的机会很少，因为我们通常不能看到离太阳很近的恒星。但在日全食时，太阳在白天被遮盖住了，我们就能看到它们。1919 年，亚瑟·爱丁顿领导了一支探险队，通过在日食期间测量太阳附近一颗恒星的视位置来验证这一预测。这颗恒星的位置是在两个地点测量的，一个在巴西，另一个在非洲西海岸的岛屿普林西比。结果证实了爱因斯坦的预测，并被广泛接受为广义相对论的证据。

带来坏运气的天体的"食"

天体的"食"的出现很规律，但对其进行的观测活动却没那么靠谱。最早尝试验证爱因斯坦的想法的尝试甚至在发表之前就失败了。1914 年，柏林天文台的德国物理学家埃尔文·芬利－弗罗因德利希（Erwin Finlay-Freundlich）带领一支探险队前往克里米亚，观测日全食。不幸的是，第一次世界大战爆发了，在日全食发生之前，他被当成德国间谍遭到逮捕。

威廉·W. 坎贝尔（William W. Campbell）带领一支团队从加利福尼亚的里克天文台（Lick Observatory）前往克里米亚，但当时下雨了，无法观测到日食。坎贝尔特制的日食照相机被俄罗斯人扣留（俄罗斯人可能被他在战时突然对观测日食感兴趣感到奇怪），他没等到俄罗斯人将相机还给他去观测预计在 1916 年出现，可以在委内瑞拉观测到的下一次日食。1918 年在华盛顿州的那次日食发生时，他也没有等到自己特制的日食照相机。这些不幸的遭遇意味着只有爱丁顿在 1919 年的观测是成功的。但是普林西比下雨了，所以他只拍到为数不多的几张好照片。探险队在巴西也没有取得多大的成功，爱丁顿在云层短暂消散后只拍到了一些失焦且模糊的图像。

2009 年由日本日出卫星（Hinode）观测到的日食。

建立框架

引力在形成宇宙结构中的作用至关重要，因为它放大了物质密度的微小波动。这些变化或各向异性积累了物质，并成为当前宇宙大尺度结构的基础，这种想法在发现宇宙微波背景后不久就出现了，但在 20 世纪 70 年代这个理论遭到了质疑。

星系是不合理的

如果天文学家只关注宇宙中的重子物质（也就是正常物质），他们就无法解释其目前的结构和星系的发展。20 世纪 80 年代初，天文学家发现，如果他们在早期宇宙中加入足够高的冷暗物质，这个问题就可以解决。暗物质，顾名思义，是一种说不清楚的物质。没有人确定它是什么。它当然是"物质"，因为它有质量并与引力相互作用，但它不是普通物质。它是"黑暗的"，因为它不反射光，也不与其他形式的电磁辐射相互作用，所以不能被直接探测到。天文学家说的"冷"是指它的运动速度比光速还慢。

尽管暗物质对所有形式的辐射都是不可见的，但我们有充分的理由认为暗物质是存在的。如果你想象用黑布包裹一块磁铁放在桌子上，然后在它周围撒上铁屑，你就能从铁屑的运动中看出磁场的存在，但你看不见磁铁。同样，暗物质产生的引力的影响是可以被观测到的，但我们无法看到暗物质本身。

要解释星系边缘恒星运动速度的唯一方法就是引入暗物质。如果星系的总质量仅仅是其可见物质的质量，那么恒星的旋转速度就超过了它们应有的速度。它们的表现就好像这个星系的质量比表面看起来的要大得多。只有当有其他的东西——我们看不见的东西，增加了它们的质量时，它们才能移动。环绕在星系周围的暗物质的"光环"让可见物质保持在其位置上，防止星系被撕裂。

添加暗物质

天文学家们发现，如果他们假设只有5%的物质是正常重子物质，其余的95%是暗物质，那么就可以用数学来计算星系和星系团的形成。这就是冷暗物质模型。虽然如此，1988—1990年的天文观测显示，人们发现的星系团比模型预测的要多。1992年，COBE探测的结果揭示了宇宙微波背景辐射的各向异性水平，进一步与模型不匹配。天文学家开始尝试冷暗物质模型的不同变体，包括使用冷热混合的暗物质。

1998年，科学家发现宇宙膨胀的速度在增加，因此有可能将冷暗物质模型精炼为Lambda-冷暗物质（ΛCDM）版本。Lambda（Λ）是希腊字母表中的第11个字母，代表一个宇宙常数，一个代表真空能量密度的数字。这就是所谓的暗能量，它被认为是一种与引力相反的力量，推动着宇宙的膨胀（见192页）。

从2000年起，对宇宙微波背景辐射的进一步观测和测量证实这个模型的精确度在1%以内。这听起来像是个成功的故事，事实也确实如此——只是我们仍然不知道"冷暗物质"

这张哈勃太空望远镜拍摄的图像显示了一个距离我们22亿光年的巨大星系团。暗物质不能被拍摄，所以它的分布用蓝色叠加显示。

中微子探测器中的光电倍增管（PMTs）可以探测到中微子撞击探测器液态核心时产生的微小闪光（见70页）。

是什么，以及它是如何形成的。它仍有待进一步的测试。

没什么可看的

　　暗物质的概念并不是在 20 世纪出现的。1884 年，开尔文勋爵（Lord Kelvin）首次提到这个概念。开尔文通过观察不同恒星围绕其中心运动的速度计算出了银河系的质量，他得出结论说，银河系的质量远远超过了可见物体的质量，因此"我们的许多恒星，也许是绝大多数，可能都是黑暗的星体"。但是，虽然可能有许多"暗星"和其他我们看不见的星体，但没有足够多的这种隐藏的正常物质的理论来解释宇宙中巨大的物质不足。

　　1922 年，荷兰天文学家雅克布·卡普泰恩（Jacobus Kapteyn）提出了暗物质的数量可以通过其引力效应来计算的第一个建议。简·奥尔特（Jan Oort）在 1932 年也谈到过这个问题，再次将其作为弥补星系丢失质量的一种方法。弗里茨·兹威基在 1933 年做了同样的计算：在研究由大约 1 000 个星系组成的后发（Coma）星系团时，他估计其质量是星系中可见物质质量的 400 倍，这表明隐藏的物质将星系团保持在一起。

来自遥远星系（左图）的光，在中间的螺旋星系周围被弯曲，就像透镜一样。其结果就是产生了引力透镜效应，这意味着我们可以看到通过望远镜无法看到的细节。

1980 年，美国天文学家维拉·鲁宾（Vera Rubin）证明，大多数星系中暗物质的含量一定是可见物质的 6 倍。这与目前宇宙微波背景的计算大致相符，即宇宙中只有不到 5% 的物质是可见物质，近 27% 的物质是暗物质，其余是暗能量。

暗物质不是反物质。如果它是，它在与物质接触时就会湮灭，就不会被观察到。而且它不可能是黑洞，因为大型黑洞会弯曲任何接近它们的辐射，产生一种叫作引力透镜效应的现象。没有足够的透镜效应使暗物质像黑洞一样隐藏。到目前为止，最可靠的说法是暗物质可能是中微子、轴子或中性中微子。

中微子最早是 1930 年由沃尔夫冈·泡利（Wolfgang Pauli）提出来的，1955 年由克莱德·考恩（Clyde Cowan）和弗雷德里克·莱因斯（Frederick Reines）探测到。起初人们认为它们是无质量的，但在 1998 年，人们发现一

中微子

中微子是不带电的轻子，在其他方面类似于带电的电子和介子。因为中微子（这样命名是因为它是电中性的）不与物质相互作用，即使中微子被认为是宇宙中数量最多的粒子，也很难被探测到。人们用安置在地下深处的探测器跟踪中微子，以避免干扰（由于它们不与物质相互作用，所以它们穿过大地到达探测器并不困难）。在萨德伯里中微子观测站（Sudbury Neutrino Observatory），一个装有 1.0×10^6 吨重水的水槽每秒会被一万亿个中微子袭击，但实际上每天只探测到 30 个中微子。

种中微子的质量非常小。中微子有很多，但它们的质量非常小，仍然很难用它们来解释所有的暗物质。1977 年，人们提出了被称为轴子的理论粒子，以解决量子力学中的一个复杂问题。到目前为止，没有轴子存在的证据；如果它们确实存在，它们的质量会很小，但会在大爆炸期间大量产生。已有科学家对中微子进行了描述，但所有寻找它们存在证据的尝试都失败了。目前最受欢迎的解释是，暗物质可能由一种（或多种）我们尚未发现的粒子组成。

巨大的海绵

ΛCDM 模型对宇宙的大尺度结构是如何发展的给出了一个连贯的解释。无论暗物质的性质如何，它都在宇宙中密度稍大的点上聚集在一起，即宇宙微波背景辐射中的各向异性。

暗物质凝结成块状和细丝，形成了宇宙的上层结构，就像巨大的海绵，由细丝和海绵壁围绕着空旷的空间。在暗物质密度更大的地方，这些区域的重力增加吸引了氢和氦（正常重子物质）。随着这些点上物质的密度增加，它对其他物质的引力也增加，框架周围物质的浓度也增加。空旷的区域变得更空旷，密集的区域变得更密集。最终，第一批恒星和星系在最密集的物质点中形成。

2017 年，天文学家建立了一个计算机模拟系统，复制了第一个星系团形成前的早期宇宙环境。星系及其环境的演化和组合（The Evolution and Assembly of Galaxies and their Environments，EAGLE）模拟大到足以容纳 10 000 个银河系大小的星系。

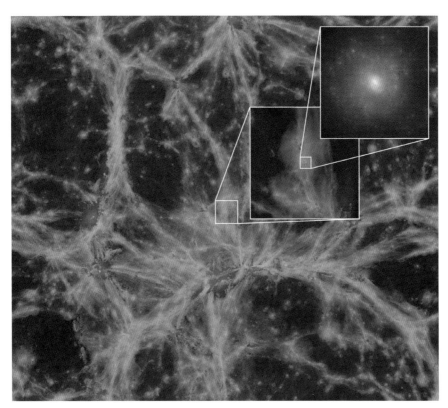

由 EAGLE 项目制作的这台超级计算机模拟显示宇宙上层建筑的一部分。颜色编码与温度有关，其中红色是最热的，蓝色是最冷的。用白线框起来的区域为一个放大了的与银河系形状相同的星系。

詹姆斯·韦伯望远镜计划于 2021 年发射，将使用红外线搜寻最早的恒星。这些早已死去的恒星发出的光将会红移，超越可见光谱，进入红外光谱。

制造恒星

在物质丝状网络中最密集的地方，恒星开始合并。我们对最初形成的恒星了解不多，但我们可以推断出它们形成的方法。

恒星的诞生

英国天文学家和数学家詹姆斯·金斯（1877—1946 年）和爱丁顿一样，是英国宇宙学的奠基人之一。20 世纪初，他研究了气体动力学，并将其理论应用于星云。

金斯发现，如果在气体云内运动的粒子的压力等于将原子拉向彼此的重力压力，气体云就会处于平衡状态。处于平衡状态的云的质量称为金斯质量。如果有什么东西扰乱了气体云的平衡状态——也许是在一个小区域有更大的气体密度，它就会产生多米诺骨牌效应。密度更大的区域对附近的原子有更大的引力，所以更多的气体进入该区域，进一步增加引力。它会引发重力塌陷，向外的压力不再能够抵消重力的拉力。这个过程为恒星的诞生提供了动力，就像第一个造星时期一样。

气体云发生变化并坍缩的临界大小被称为"金斯长度"：一旦气体云达到这个半径，坍缩就不可避免。金斯不稳定性（The Jeans

Instability），即垮塌的触发点，是气体云中的尺寸和温度以及压力的函数。随着越来越多的氢被聚集在一起，气体的压力和温度都会上升，直到达到临界点。这解释了恒星是如何形成超高密度的气体云的，但不能解释它是如何产生能量的。这个谜题在 20 世纪上半叶被解开。

关于早期恒星的形成

认为第一代恒星与当前一代恒星不同的观点始于 1978 年，但这是在 1944 年的研究中发展起来的。当时，奥地利裔美国天文学家沃尔特·巴德（Walter Baade）根据恒星年龄的差异区分了两种恒星或恒星群（见第 91 页）。他发现，较老的恒星比较新的恒星含有更高比例的氢和氦，这表明了更多的成分多样性。巴德将较新的恒星归为 I 类，将较老的恒星归为 II 类。

这就引出了重元素从何而来的问题。正如我们将看到的，它们大多是在恒星内部和恒星生命末期被制造出来的。如果存在这些更重的元素，它们一定是由以前的恒星形成的。最初的恒星，没有其他可用的元素，一定是完全由来自宇宙原始物质的氢和氦构成的。1978 年，巴德的星系中加入了一个假想的星族 III 恒星。目前还没有任何星族的 III 恒星被观测到，但似乎很难避免它们成为宇宙故事中的一个阶段。这些第一代恒星产生了大爆炸无法产生的第一批重元素。

矮星系 ESO 553-46 以非常快的速度产生恒星。这些新恒星在加热周围的气体时发出蓝白色的光，而周围的气体则发出红色的光。这些恒星只含有少量的氢和氦，这使得它们与宇宙中的第一批恒星非常相似。

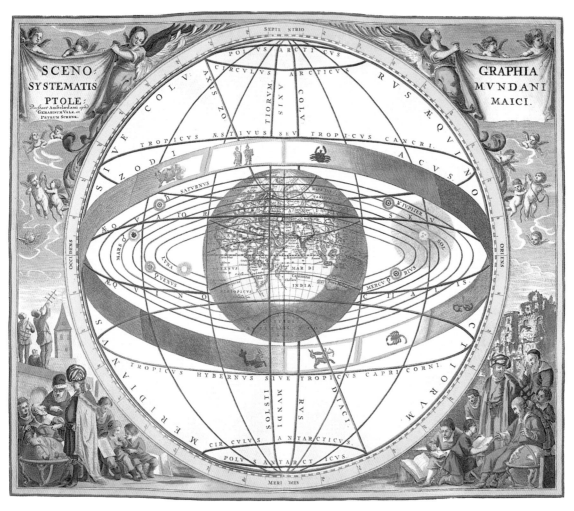

把地球置于宇宙中心的模型持续存在了近 2 000 年，这扼杀了宇宙学和天文学可能取得的进展。

超级恒星

最早期的恒星只含有早期核合成过程中形成的氢和氦。在这一点上，它们与后来的恒星截然不同，后者可能含有更多的成分。许多第一代恒星的体积是太阳的 60 ~ 300 倍，有些甚至比数十亿年后的恒星还要大。它们非常有活力，可能在数百万年或更短的时间里就把自己烧尽（太阳会再持续 50 亿年）。在其他方面，这些早期恒星的工作方式与现在我们周围的恒星相同。

恒星的运行机制

天文学家通过研究地球的恒星——太阳，发现了恒星的工作原理。虽然它是更晚一代的恒星，但是通过研究太阳得到的经验几乎适用于最早的恒星。

古人最初仰望太阳，由此提出问题，思考太阳产生热和光的能力。希腊哲学家阿纳萨哥拉斯（Anaxagoras）在 2 500 年前提出，太阳是一块炽热的岩石，而恒星也是如此。他说，太阳如此明亮，我们能感受到它的热量的唯一原因是，它比其他恒星离我们更近。这一清晰的时刻很快就被守旧的思维所掩盖。宗教教导我们说，人类是特殊的，他们在天堂的中心位置。太阳不再是许多同样炽热的星体之一，而是从属于地球，跟在月球和行星后面的另一个天体。直到 1838 年，才有人证明太阳其实和其他恒星是一样的。

只要人们满足于相信太阳是天上的光，靠神的力量持续燃烧，那就没有问题。神不需要

解释他或她如何让恒星持续燃烧，但科学可以。如果太阳要遵循正常的科学规律，它就必须有能量来源。更重要的是，它必须有足够的能量，至少和地球存在的时间一样长。因此，古人的第一个问题是，地球有多古老？太阳已经燃烧了多久？

6 000 年——而且还在继续增长

希腊哲学家亚里士多德相信地球就像整个宇宙一样，曾经存在且会永远存在下去。罗马哲学家兼诗人卢克莱修（Lucretius）认为地球的起源可能早于特洛伊战争，这是他所知的最早的事件。考古学证据表明特洛伊战争大约发生在公元前 1180 年，这使得卢克莱修时代的人认为地球的年龄不超过 1 000 岁。

早期的基督教和犹太法典传统试图通过追溯《圣经》中记载的族谱来确定地球的年代。最著名的是，在 1650 年，爱尔兰大主教詹姆斯·厄舍尔（James Ussher）提出了宇宙始于公元前 4004 年 10 月 22 日这个日期（与之对应的宇宙结束日期大约在公元 2000 年，我们安然无恙地度过了这一年）。一般认为地球的年龄大约是 6 000 年。不到 200 年前，西方世界的大多数人仍然认为地球只有几千年的历史。

一种更可靠的计算地球年龄的方法始于 17 世纪 60 年代地质年代法的出现。到 19 世纪晚期，人们普遍认为地球存在了 1 亿年左右。因此，太阳需要一种至少持续 1 亿年的能量来源。

太阳的热量

第一个假设是，太阳有某种燃烧产生热量

詹姆斯·厄舍尔根据基督教传统计算了创世的日期，不过他不是唯一一个或第一个这样做的人。

地球有多古老？

　　今天，科学家和神创论者之间存在着明显的分歧，但过去并非如此。利用厄舍尔提出宇宙诞生于公元前 4004 年 10 月 22 日来测定这个地球年代的宗教方法曾被广泛接受。约翰内斯·开普勒（Johannes Kepler）和艾萨克·牛顿等著名科学家也用同样的方法计算出了地球的年龄，开普勒得出的日期是公元前 3992 年，艾萨克·牛顿可能认为是公元前 4000 年。

的燃料，这并不能解释它的寿命。如果太阳是一大块煤，过不了多久一定会烧尽。德国物理学家朱利叶斯·冯·梅耶尔（Julius von Mayer，1814—1878 年）最初提出了一个更有魄力的建议，认为太阳的能量来自撞击它的流星。流星必须保持惊人的撞击速度，而且没有证据表明有足够多的流星经过，也没有证据表明太阳的质量在增加，因为在如此持续的冲击下，太阳必然会增加质量。而且，太阳不断增加的质量会在行星轨道的变化中立即显现出来。对于梅耶尔的模型来说，这些都是相当大的问题。

　　物理学家开尔文勋爵（威廉·汤姆森）认为，太阳的能量首先来自形成太阳的运动物质的动能，这些运动物质被引力压碎在一起。当这些物质冷却的时候，会收缩，重力会让其进一步聚在一起，使它成为"一个冷却的白炽液体"。开尔文并没有排除太阳是"在一个不可测量的

太阳的热是如此的明显，以至于很容易让人想到太阳在燃烧。

远古时期作为一个活跃的热源被创造出来的"这种可能性，他把这描述为"是非常不可能的"。

在开尔文所支持的解释中，流星再次成为太阳的原材料，但这一次是无数小天体被引力吸引在一起，并以热的形式释放它们之前的动能。这种解释是由德国物理学家赫尔曼·冯·亥姆霍兹（Hermann von Helmholtz）对能量守恒所做的工作而得以实现的。1847年，冯·亥姆霍兹把热、光、电和磁结合起来，把它们看成一种单一的"力"（我们现在将它们称为能量的形式）。他认为这种力（能量）可以改变形式，但不是在封闭系统中添加或产生的。这个模型让开尔文断言流星运动时的动能转化为太阳释放的热能。

开尔文的结论是基于当时对太阳表面温度和每年太阳辐射热量的计算，并假设太阳的组成与地球相似（"我们也有很好的理由相信太阳的物质很像地球"）。他得出的结论是，太阳的直径一定每两万年缩小0.1%左右，太阳能够为地球提供热量肯定不到1亿年，而且过去的温度会比现在高。

太阳和它的热量……都是由一些较小的物体集体产生的，它们因相互之间的引力而聚在一起，根据焦耳论证的伟大定律，它们必然产生和碰撞停止时所产生的热量相当的热量。

——开尔文勋爵，1862年

威廉·汤姆森以他在热力学方面的研究而闻名。他于1866年被封为开尔文勋爵，是第一位被授予爵位的英国科学家。

因此，总的来说，太阳有1亿年不能照亮地球是最有可能的，而且几乎可以肯定，太阳还能继续照亮地球5亿年。至于未来，我们同样可以肯定地说，地球上的人不可能继续享受他们生活所必需的光和热，除非在造物的大仓库中准备了现在我们还不知道的能量来源。

——开尔文勋爵，1862年

能量的新形式

在科学家们弄清楚太阳的能量来源是什么之前，还有几个关键的发现有待发现。第一步是发现辐射。这是法国物理学家亨利·贝克勒尔（Henri Becquerel）在1896年的研究成果。他偶然发现铀盐会释放出一种能记录在感光板上的辐射。贝克勒尔当时正在验证他的理论：一种铀化合物（硫酸铀酰钾）会吸收阳光的能量，然后以X射线的形式释放出来。尽管他的理论是错误的，但在这个过程中他意外地发现

了放射性。他在实验中将他的样本暴露在阳光下，然后把它放在用黑纸包裹的照相底片上，然后冲洗底片。有一天，巴黎的天空阴沉沉的，他没法把混合物暴露在阳光下。他只好把实验放在一边，几天后他还是把底片冲洗出来了。令他惊讶的是，底片上出现了图像。硫酸铀酰钾释放出来的某种形式的能量不是从阳光中吸收的。他发现，与X射线不同，辐射暴露在磁场中会被扭曲。

贝克勒尔和居里夫妇的实验进一步揭示出

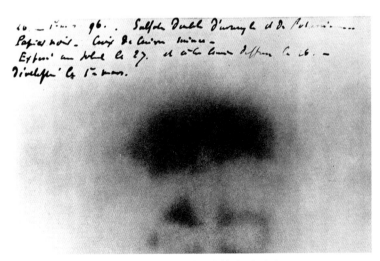

贝克勒尔揭示铀具有放射性的照相底片。

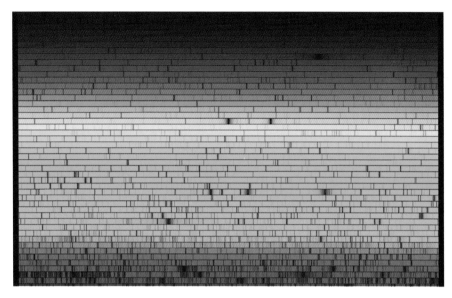

太阳吸收光谱中的黑线可
以用来识别太阳外层和观测仪
器之间的元素。

存在更多的放射性物质和三种类型的放射性，但仍然没有人知道放射性的确切性形式。这只有在对原子结构进行仔细研究之后才能实现。

氢和氦

19 世纪的科学家们认为，太阳包含的物质和地球差不多。由于无法到太阳上去采集样本，故而很难进行检测，但有一种一直来自太阳的东西能提供答案：阳光。

光中的线

艾萨克·牛顿第一次用玻璃棱镜将阳光分成不同颜色的光谱时，他看到了连续不断的彩虹。1802 年，英国化学家威廉·沃拉斯顿（William Wollaston）改进了牛顿的方法，用透镜将光谱聚焦到屏幕上，发现有一些黑线将光谱分开。这是一个吸收光谱。深色的线条代表了位于光源和观察者之间的物体所吸收的光的波长，但当时他还不知道这一点。几年后

的 1815 年，德国物理学家和透镜制造商约瑟夫·冯·夫琅禾费（Joseph von Fraunhofer）用衍射光栅代替玻璃棱镜，获得了更为精确和详细的光谱。他对太阳光谱进行了系统的研究，并发表了研究结果。19 世纪 20 年代，威廉·塔尔博特（William Talbot）和约翰·赫歇尔（John Herschel）发明了火焰光谱学。他们发现，燃烧金属产生的火焰的光谱是一种可以用来识别金属的指纹。随着研究的继续，化学家们注意到一种元素吸收光谱中的彩色带与它的发射光谱（加热时产生的光）中的暗线精确匹配。

从 19 世纪 60 年代开始，由罗伯特·本森（Robert Bunsen）和古斯塔夫·基尔霍夫（Gustav Kirchhoff）组成的德国团队系统地研究了化学元素的光谱。因为每种元素都有自己的光谱特征，所以可以通过匹配光谱和已知的样本来识别元素。

1868 年，法国天文学家皮埃尔－朱尔－塞萨尔·让森（Pierre-Jules-César Janssen）在研

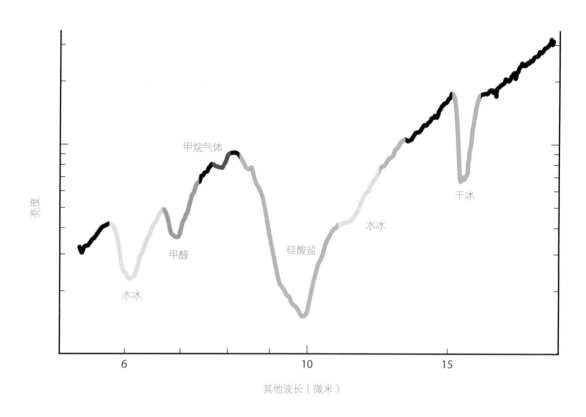

今天，光谱甚至可以揭示我们看不见的天体的成分。这一来自 1 140 光年外形成的原恒星的光谱显示了水、二氧化碳、甲烷、甲醇和硅酸盐岩石。这颗原恒星隐藏在黑暗的云层中，只能用红外线来检测。

究日食时，在太阳光谱中发现了一条他无法识别的黄线。英国天文学家诺曼·洛克耶（Norman Lockyer）意识到，由于它与任何已知元素都不匹配，它一定是一种新的元素。他把它命名为"helium"，这个词来源于希腊语中的太阳——helios（氦最终于 1895 年在地球上被发现）。虽然他的解释没有被广泛接受，但这是第一个证明太阳和地球不是由相同的物质组成的证据。这和另一个光谱学家的研究结论正好相反。

部分和比例

1863 年，英国天文学家威廉·哈金斯（William Huggins）是第一个将光谱学应用于

恒星的人。他注意到星光的光谱中有许多缝隙。这些代表光谱的区域被大气或恒星表面的元素吸收；由于这种吸收，恒星内部产生的一些光没有到达地球。像钙和铁这样的元素存在于恒星中的发现意义重大，它表明我们地球上拥有的元素存在于整个宇宙中，也就是说化学元素是普遍存在的。当时的假设是，这些恒星的组成可能和地球差不多，正如开尔文所说的那样。美国天文学家亨利·诺里斯·拉塞尔（Henry Norris Russell）宣称，如果把地壳加热到恒星的温度，就会产生大致相同的光谱。但这些结论是错误的。

观察恒星

　　恒星的光谱可以被读取以显示其中存在的原子和离子，并可以揭示恒星表面的温度和压力。从恒星中心发出的光会缓慢地到达表面，其中一些会被恒星大气中的原子吸收。每一种不同的离子对应吸收频率非常精确的光。从光被吸收的频率（吸收光谱中暗带的位置），有可能计算出大气中存在哪些离子以及它们的浓度。

哈佛大学杰出的天文学家安妮·J.坎农（Annie Jump Cannon）。摄于1900年左右。

81

恒星分类

20世纪初，在安妮·J.坎农的指导下，哈佛大学的天文学家收集并分析了数千颗恒星的光谱。坎农根据光谱的不同将恒星划分为7类；一般的假设是这些分类反映了恒星表面温度的差异，但没有证据支持这一观点。英国天文学家塞西莉亚·佩恩（Cecilia Payne）利用她的量子物理学知识（仍然是一门非常新的科学）和印度物理学家梅格纳德·萨哈（Meghnad Saha，1893—1956年）在电离能方面的研究，揭示了这与温度之间的联系。萨哈的电离方程式把元素的电离状态与温度和压力联系起来。

塞西莉亚·佩恩（1900—1979年）

塞西莉亚·佩恩最初在剑桥大学学习植物学，但后来对物理学越来越感兴趣。在听了亚瑟·爱丁顿关于广义相对论的讲座后，她把注意力转向了天文学。她于1923年来到哈佛大学，与天文台主任哈洛·沙普利一起完成博士论文，并被分配到了亨丽埃塔·莱维特的办公室。

两年后，佩恩提交了她的论文。她的发现是，所有恒星的组成基本相同，主要由氢和氦组成，这与当前的观点不一致，沙普利和她的外部审查员亨利·诺里斯·拉塞尔说服她不要这样表述。她没有对自己的发现进行调查，而是花了很多精力来解释为什么这些发现一定是错的。

1929年，拉塞尔用不同的方法得出了与佩恩相同的结论。佩恩的研究结果最终得到认可，并被认为非常杰出。在她职业生涯的剩余时间里，她继续在哈佛大学工作。1934年，佩恩嫁给了苏联天体物理学家谢尔盖·加波施金（Sergei Gaposchkin），两人是在德国相识的，后来她帮助谢尔盖以难民身份移居到了美国。从那以后，他们在大部分项目上一起研究。佩恩因为吸烟，1979年死于肺癌。

> 这么多恒星都有相同的光谱，这一事实本身就表明了成分的一致性。
>
> ——塞西莉亚·佩恩，1925 年

拉尔夫·福勒（Ralph Fowler）和爱德华·米尔恩（Edward Milne）分别在 1923 年和 1924 年对他的研究成果进行了改进，使计算恒星的温度变得更加容易。恒星光谱中吸收线的强度与该恒星大气中相应元素的浓度直接相关。这意味着恒星的温度和压力决定了它的原子被电离的程度。

佩恩研究了坎农的恒星光谱，并得出结论，不同种类的恒星与不同的表面温度有关，而不是因为恒星有不同的成分。她研究了 18 种不同元素的光谱特征，发现无论恒星是什么类型，这些光谱特征在所有恒星中都以相似的比例存在。她惊奇地发现所有的恒星，包括太阳在内，主要由氢组成，氢和氦这些元素至少占了类日恒星质量的 98%。这被认为是一个荒谬的想法。

由于这是佩恩的博士论文，她不能让它被驳回。她的导师哈洛·沙普利把她的结论发给了拉塞尔，后者谴责这"显然是不可能的"。因此，在她 1925 年提交的论文中，佩恩提到她发现的氢和氦含量丰度值"几乎肯定是不存在的"。

但这些都是真实的，几年后佩恩被证明是正确的。1929 年，拉塞尔自己通过不同的方法得出了同样的结论。

> 恒星正在以我们未知的方式吸收巨大的能量。这个来源只能是亚原子能量，众所周知，亚原子能量丰富地存在于所有物质中；我们有时梦想，人总有一天会学会如何释放它，用它来服务……弗朗西斯·阿斯顿（Francis Aston）进一步证明了氦原子的质量小于进入氦原子的 4 个氢原子的质量之和……现在质量是不能被消灭的，差额只能代表在转化中释放的电能的质量。因此，我们可以马上计算出氦气由氢气制成时释放出来的能量的数值。如果恒星质量的 5% 最初是由氢原子组成的，而氢原子又逐渐结合成更复杂的元素，那么所释放的总热能就足以满足我们的需求，我们不需要再去寻找恒星的能量来源了。
>
> ——亚瑟·爱丁顿，1920 年

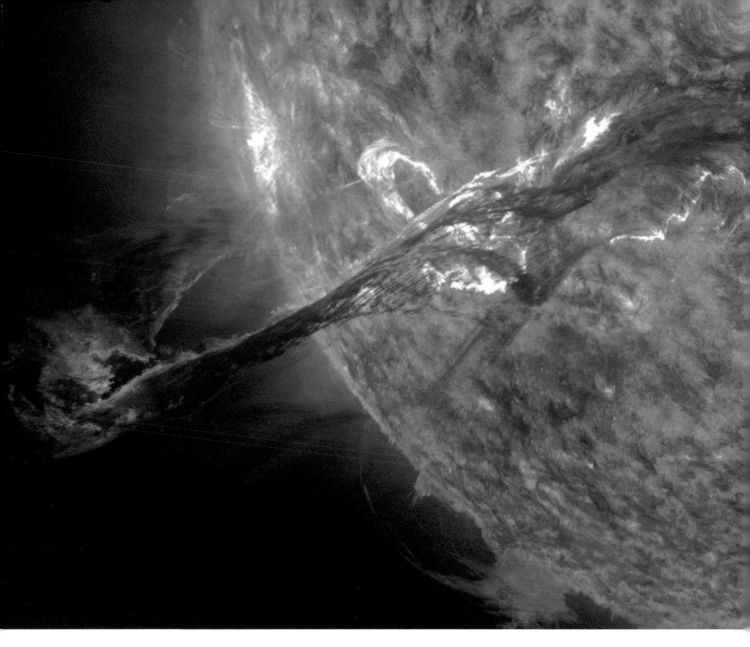

在太阳深处，氢以每秒六七亿吨的速度聚变为氦。释放出来的光子最终会出现在太阳表面，产生光、热和其他太阳辐射。内部的骚动偶尔会在物质的喷射中显现出来，比如这个日珥以每秒 1 450 千米（900 英里）的速度被抛出。

对即将到来的事情的暗示

尽管佩恩关于恒星中氢含量丰度的发现直到 1929 年才被认真对待，但亚瑟·爱丁顿早在 1920 年就提出恒星可能是由氢的核聚变提供能量的。他提出，即使恒星只含有 5% 的氢，也足以产生观测到的来自太阳的能量。当时，人们对原子结构所知甚少，无法对他的想法做出充分的解释。

来自邻近的能量

8 年后的 1928 年，乔治·伽莫夫根据量子理论计算出了两个亚原子粒子足够接近时能够参与核反应的条件。粒子需要靠得足够近才能产生强核力，这种作用于质子和中子之间的核力，足以克服它们之间的静电斥力。在传统物理学中，这是不会发生的，但量子物理学允许一种叫作"隧穿效应"的机制发生。他的公式被称为伽莫夫系数（Gamow factor），在随后的10年里被用来计算核反应可能发生的速率，这取决于恒星内部的温度和压力。

1939年，汉斯·贝斯在一篇名为"Energy Production In Stars"（译为《恒星中的能量生产》）的开创性论文中，就从恒星中的氢产生能量这个问题提出了两条核聚变路径。其中，质子-质子链（见下框）是与星族 III 恒星最相关的。

在恒星稠密的中心，核合成的过程仍在继续，氦本身就是一种制造更大原子核的原料（见第47页）。目前还不清楚在星族 III 恒星中有多少种情况发生，以及在恒星生命结束时产生了多少种金属元素。这些大恒星通常会迅速燃烧掉它们的氢，并在引人注目的超新星爆发中四分五裂，结束它们短暂的生命。我们将在下一章再次研究超新星和恒星核合成，因为已经

核聚变

从氢中得到氦有几个阶段和不止一条途径，这不仅仅是把4个氢原子压在一起的问题。

· 2个质子融合形成一个二质子：一种高度不稳定的形式，叫作氦-2。

· 10^{28} 个二质子中只有一个衰变成氘，释放出一个正电子和一个中微子。这一过程发生得很快，没法观察到二质子阶段（也没有显示在下面）：我们要么看到质子相互碰撞，要么看到质子变成氘。

· 氘与另一个质子结合，生成氦-3，同时失去一个光子。然后它可以与第二个氦-3核发生聚变，产生1个氦-4核和2个自由质子，或者与1个氦-4核发生聚变，如果周围有一个氦-4核，则产生铍-7，然后衰变成锂-7，锂-7与另一个质子聚变生成铍-8，并立即衰变成2个氦-4核（正常的氦核）。

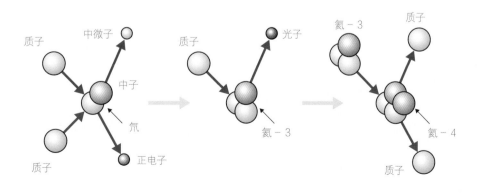

恒星内部的推与拉

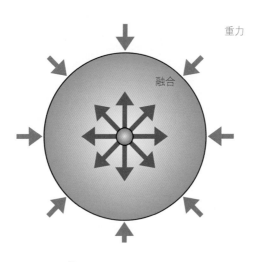

核聚变开始后会施加压力，从恒星的核心向外推。穿过恒星的光子的运动方向是随机的，但由于中心很小，运动的总趋势是向外的。这些光子一起产生辐射压力，抵消将恒星拉向内部的引力。当两者平衡时，引力塌缩停止，恒星处于流体静力平衡（大小不变）状态。这是恒星在生命的大部分时间中的情况。

通过星族 II 恒星和星族 I 恒星进行了研究，而这两种恒星可以被直接观察到。当星族 III 恒星死亡时，它们所产生的金属元素被喷射到太空中，它们的角色就完成了。这些原子成星际介质的一部分，随着时间的推移形成新一代恒星的物质，这种类型的恒星我们今天仍然可以看到，甚至我们赖以生存的太阳也是这类恒星。

现在你看到了……

所有这些早期恒星的形成对宇宙还有另一种影响，它让我们得以看到那些后来的恒星，包括我们自己的恒星。没有人确切知道这种变化是从什么时候开始的，但在大爆炸后大约 1.5 亿年的某个时间点，宇宙结构开始形成时物质聚集在一起，产生了显著的温度差异。能量和物质密度较高的区域比周围的空间温度更高。最终一些高能量密度的区域变成了恒星，正如我们所看到的。能量以不同波长的光子的形式从较热的区域涌出，比如高能紫外线辐射。

此时，宇宙仍然很大程度上充满了中性原

子。辐射的威力足以将电子从氢原子中剥离出来——所有在重组过程中形成原子的活动都可以被撤销！曾经稳定的氢原子再次被还原，释放出质子和电子，在带电的等离子体中快速旋转。但是宇宙已经改变了。它比重组之前要大得多，而且这一次等离子体的密度还不足以阻止光子的自由运动。

冲击一定持续了很长一段时间，否则电子和质子会很快重组。这种效应从靠近坍缩结构

和早期恒星的电离氢的局部气泡开始。当光子穿过电离气体的区域，对远处的原子气体造成严重破坏时，气泡就会增大。这些气泡膨胀、重叠、结合在一起。随着更多的恒星形成，速度会加快，释放出更多的光子。大约 9 亿年后，原始气体完全电离，光（和其他电磁辐射）可以畅通无阻地向四面八方流动。这个时期被称为再电离期，它终结了宇宙的黑暗时期。宇宙又变得透明了——现在依然如此。

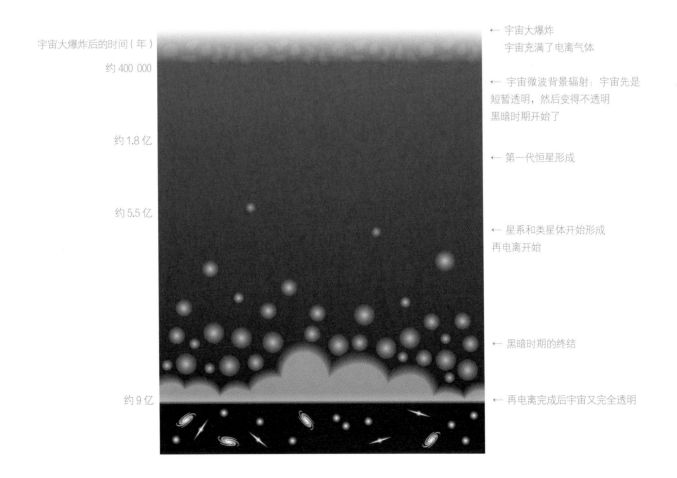

宇宙大爆炸后的时间（年）

约 400 000

约 1.8 亿

约 5.5 亿

约 9 亿

← 宇宙大爆炸
宇宙充满了电离气体

← 宇宙微波背景辐射：宇宙先是短暂透明，然后变得不透明
黑暗时期开始了

← 第一代恒星形成

← 星系和类星体开始形成
再电离开始

← 黑暗时期的终结

← 再电离完成后宇宙又完全透明

第五章

恒星的生命

人们获得天体知识的方式和这些事物本身一样奇妙。

——约翰内斯·开普勒（Johannes Kepler，1571—1630 年）

大爆炸 10 亿年后，第一批恒星诞生并消失了。太空是透明的，已经拥有了一个由物质组成的微妙网络，它将光注入了空旷的黑暗之中。在硕大无朋的丝状物质中，下一代恒星诞生了，形成了我们现在看到的宇宙。

超新星遗迹的一小部分——8 000 年前死亡的一颗巨星留下的全部残骸。爆炸恒星的气体云与密度更低的星际气体相遇时，碰撞就会产生光。许多最初的恒星会以同样的方式终结。

NASA超新星动画的一部分，显示物质从中央恒星爆出。

开始的结束

巨大的星族 III 恒星会在数百万年之后自行燃烧殆尽。在这段时间结束时，一颗恒星可能会爆炸形成一个巨大的超新星，将氦和它制造的其他元素散射回太空，使星际介质（ISM）充满新的元素。由于早期的许多恒星比现在的大多数恒星体积更大、能量更大，它们最后的爆炸被称为超超新星——比普通超新星更剧烈的大质量坍缩。一些非常大的恒星可能直接坍缩成没有超超新星的黑洞。

它们如今在何处？

我们在宇宙中观察到的许多天体已经不存在了：我们通过它们在数百万年或数十亿年前产生的电磁辐射来"看到"它们。但在 120 亿~130 亿年后，我们不太可能找到很多庞大的星族 III 恒星。

可能有一个单一星族 III 类超超新星的遗迹。美国宇宙学家沃克·布罗姆（Volker Bromm）和阿维·勒布（Avi Loeb）认为超新星有时会产生巨大的伽马射线暴（GRB），其威力如此之大，至今仍可能被探测到。归于死寂的恒星留下了一个黑洞。美国宇航局的雨燕卫星正在寻找超新星和超超新星，并且已经发现了来自一颗古老超超新星的伽马暴，它可能是星族 III 的恒星。布罗姆和勒布预测，雨燕卫星将探测到全部超新星的十分之一，而这部分在时间上可以追溯到宇宙诞生后的第一个 10 亿年。大多数可能是早期星族 II 的恒星，但也有一些可能是星族 III 恒星，并可能提供关于第一代恒星的新的有价值的信息。

图像右侧的黄色矩形标志着 2018 年发现的 2MASS J18082002–5104378 B 的位置。它有 135 亿年的历史，位于银河系的"薄圆盘"区域。

小小的幸存者

直到 20 世纪 90 年代末，天文学家都认为，所有最早的恒星都是巨星，所以不会再存在。2012 年的模拟表明，小恒星也有可能在更大恒星的超新星之后形成。2018 年，天文学家使用位于智利和夏威夷的双子座天文台发现了银河系中的一颗小的、非常缺乏金属元素的恒星。它是一颗红矮星，质量只有太阳的 14%。据报道，它已经有 135 亿年的历史了，而且仍然很强大——红矮星可以持续数万亿年（见 113 页）。

恒星 2 MASS J18082002–5104378 B 是银河系中最古老的一颗。它几乎完全由氢和氦组成，其他元素的比例非常小，是所有已知恒星中金属丰度最低的新纪录保持者。它可能是由第一代恒星的碎片形成的。第一代恒星出现后，很可能过了很多代才出现太阳。组成太阳的物质在太阳出现之前曾经是无数短暂存在的恒星的一部分。

这颗最古老的恒星距离地球只有 2 000 光年，它位于银河系的一个活跃区域。它围绕星系中心的轨道与太阳相似，它的位置表明，银河系的圆盘可能比天文学家想象的要古老 30 亿年。

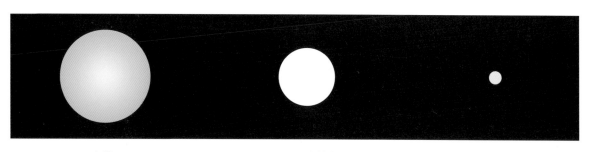

太阳   旧纪录保持者   新发现的恒星

后期才开始形成?

2015年，里斯本大学的天文学家大卫·索布拉尔（David Sobral）发现了星系中星族 III 恒星的疑似证据。据报道，该恒星的证据存在了 129 亿年，名为 CR 7（或宇宙红移 7）。它的亮度是其他古老星系的 3 倍，并且包含了一团明亮的蓝色云，显然只由氢和氦组成。星系的其余部分都是星族 II 的恒星。即使对 III 族恒星来说，129 亿年也是年轻的，所以天文学家怀疑这可能是一个异常现象，它是由原始的氢和氦组成的云团形成的，比其他星族 III 恒星晚。

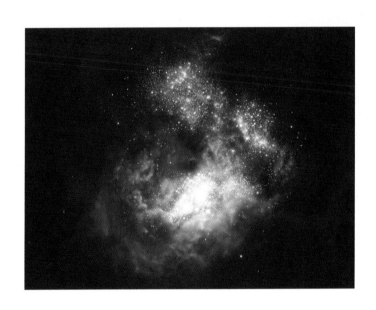

艺术家对早期 CR 7 星系的印象。蓝色的恒星年龄更大，可能是星族 III 的恒星，而红色的恒星是星族 II 的恒星。

从死到生

星族 II 的恒星在恒星形成的前 20 亿年进化而来。因为有很多可以观察和调查的东西，所以我们对这些有更多的了解。塌陷成恒星的气体云比原始混合物中含有更丰富的氦，并含有在星族 III 恒星消亡时产生的更重的元素。

当星族 II 的恒星以超新星结束时，它们向星际介质中释放更多的重元素。星族 I 的恒星在 100 亿年前开始形成，现在仍在形成中。一般来说，星族 I 恒星质量的 1%～4% 是由比氢或氦重的元素组成的。星族 II 的恒星只有这个比例的百分之一，星族 III 的恒星可能只有一千万分之一。

由于恒星的形成过程还在进行中，所以我们可以直接观测到。哈勃太空望远镜拍摄的图像在揭示恒星诞生过程中发挥了关键作用。

被命名为 WISE 星系的 J 224607.57-052635.0 是由美国宇航局的广域红外线巡天探测卫星（Wide-field Infrared Survey Explorer, WISE）发现的。位于星系中心的黑洞会释放出强烈的明亮辐射。

哈勃太空望远镜拍摄的照片显示了巨大高耸的气体云和尘埃，这通常被称为"恒星育婴室"。所谓的创世之柱就是最著名的例子。这些柱体的长度以光年计算。

尘归于尘，土归于土……

恒星育婴室的气体云直径可达 10^{14} 千米，相当于太阳系直径的 10 000 倍。坍缩的结果意味着有几个重力焦点，所以云分裂成团。每一团都会从周围吸引更多的气体，不断增加重力，吸引更多的气体。

起初，云团的密度不是太大，因此，云团中的热气体释放的能量可以以光子的形式逃逸出来。随着这团物质的不断增长，它变得太过稠密，尘埃阻塞，光子无法逃逸。虽然这些气体团在发光，但我们无法用光学望远镜观测到它们。2015 年发现的最亮的星系是早期的这类尘埃星系，在宇宙大爆炸 10 亿年后可以观测到。尽管这个小星系所发出的能量是银河系的 10 000 倍，发出 300 万亿颗太阳燃烧时发出的光，但到达我们这里的大部分能量都在光谱的红外线部分。这是因为只有波长较长的辐射才能穿透尘埃云。

坍缩的云被称为太阳星云。能量在团块内迅速积聚，导致内部温度飙升，此时它变成了一颗原恒星。

多胞胎

产生恒星的巨大分子云（GMCs）现在是难以想象的巨大。创世之柱的柱体只是大得多的巨大分子云的一小部分。巨大分子云的质量通常是太阳的数百万倍，可以产生成千上万颗恒星。

当一个巨大分子云崩溃时，它会分裂成碎片。由于它有不止一个引力焦点中心，每个中心都围绕着一个比平均密度更大的区域形成，它变得越来越"凹凸不平"。每个崩溃的碎片可以形成一个或多个原恒星。原恒星的直径通常为 10^{10} 千米，温度为 10 000K。每一颗新生的原恒星开始时只有其最终质量的 1% 左右，

但会吸收更多的物质，将其所在区域的气体和尘埃清除掉。

凝视恒星育婴室

在我们的星系中，正在产生恒星的区域呈现为星云。星云看起来像模糊的或多云的光斑，类似于模糊的恒星。它们包括不同类型的天体：一些是遥远的星系，另一些在银河系内。其中，一些星云在银河系内的确实看起来云遮雾罩，它们是由气体和尘埃组成的巨大云团，恒星就是由此产生的。在对星云进行了 200 年的研究后，人们发现一些星云区域是恒星孕育所。我们对它们工作原理的了解大多来自哈勃太空望远镜的观测结果。

第一个研究和编目星云的人是查尔斯·梅西耶（见第 14 页）。他最喜欢的望远镜有一个 19 厘米（7.5 英寸）的镜头，可以将目标放大 104 倍。今天，我们对星云和星云中恒星形成的最佳图像是由位于太空中的望远镜拍摄的。1990 年发射的哈勃太空望远镜在近 30 年的时间里通过一个直径 2.4 米（8 英尺）的主镜收集了许多这样的图像。下一代太空望远镜詹姆斯·韦伯（James Webb）的镜面直径为 6.4米（21 英尺）。

哈勃太空望远镜在海拔 569 千米（353 英里）的地方环绕地球运行，不受大气层造成的扭曲的干扰（从地球上看恒星会"闪烁"，因为大气层会反射光线）。有些波长的辐射被大气吸收，根本不会到达地面，比如紫外线、伽马射线和 X 射线（对我们来说很幸运，因为它们正在造成损害）。哈勃望远镜的工作波长范围在

恒星有多大？

对附近恒星形成云的研究表明，像太阳这样大小的恒星和更小的恒星非常常见，但大得多的恒星却很少。天体物理学家假设，同样的条件可能也存在于其他地方，形成恒星的星云的质量和产生的恒星之间有相当稳定的关系。但 2018 年一项针对 1.8 万光年外的恒星形成区域 W43-MM1 的研究发现了令人惊讶的结果：非常大的恒星很常见，其大小可达太阳的 100 倍，但较小的恒星就不那么常见了。

可见光范围内，还有一些在红外线和紫外线范围内。哈勃太空望远镜有几个不同的仪器和照相机来记录它的观测，数据通过无线电连接发回地球。

来自哈勃的数据帮助我们将宇宙的年龄缩小到 130 亿～140 亿年，最近缩小到 120 亿～130 亿年。它揭示了恒星是如何形成的，证实了暗能量的存在，并确认了类星体。1923 年，太空望远镜的概念被首次提出。美国天体物理学家莱曼·斯皮策（Lyman Spitzer）在 1946 年提出了开发望远镜的建议。

上图：被称为潟湖星云的一小部分，属于银河系巨大恒星的形成区域。这个恒星的育婴室距离我们 4 000 光年，横跨 55 光年。它于 1654 年首次被编入目录，2018 年由哈勃太空望远镜拍摄。下图：地球上方的哈勃太空望远镜。

哈勃拍摄于 2005 年的 NGC 346 星云的照片清晰地展示了一个恒星育婴室。在星云中，气体云正在坍缩，产生原恒星和新生恒星，有些只有太阳的一半大小。

兄弟姐妹间的竞争

"育星室"里的原恒星并不都以同样的速度生长。有些更大，生长得更快，直到它们释放出能量。一颗恒星的成长是通过从它周围的云团中吸收更多的气体，从而增加其引力和吸收更多物质的能力。

一些又大又亮的恒星的质量比太阳大得多。它们发出高强度的紫外线辐射，加热云团周围的气体。被加热的气体发光，就像荧光灯里的气体一样。当紫外线辐射到达云团活跃区域的边缘时，它将气体赶走，将其煮沸，使其离开并进入星际介质中，这个过程被称为光蒸发。赖以生存的气体供应被切断了，恒星无法继续生长。"育婴室"中的一些恒星将以恒

自己观察

在黑暗、晴朗的夜晚，我们有可能看到位于恒星系统之间的星际介质中物质云的证据（顾名思义）。物质集中在巨大的分子云中，它会阻挡光线。如果你找到一个足够黑暗的地方，可以看到银河系，你会注意到它不是一个均匀明亮的恒星带，而是包含着更暗的、恒星更少的区域。这是由距离地球几千光年的分子云造成的，这种云遮蔽了来自遥远恒星的光。

从地球上看到的银河系。

星形成前的大小被冻结，因为太小、太冷，无法开始核聚变。哈勃太空望远镜在鹰状星云中发现了大约 50 颗正处于这种状态的近恒星（nearly-star）。

行星的备用材料

随着原恒星核心温度的上升，不断增加的压力减缓了引力坍缩。原恒星继续缓慢收缩，重力势能转化为热能。在这一点上，原恒星的核心发出的光是太阳的 1 000 倍。

云团坍缩时角动量守恒。旋转的云团在收缩的过程中缓慢加速，直到快速旋转。这就像旋转的溜冰者在加速时把手臂靠近身体一样。

与此同时，向心力对向内的引力起作用。这种效应在新恒星的赤道附近最强，在两极最弱。结果就是在赤道附近的平面上形成了一个平坦的物质带，被称为原行星盘。这里的材料可能被用来产生行星和其他天体。它也起着吸积盘的作用。

从起点出发

质量低到中等的原恒星变成一颗亮度可变的 T- 金牛座星。其核心温度仍然太低，不足以启动核聚变，因此在接下来的几百万年里，它所产生的光来自于它内坍缩时产生的引力能。它的亮度可以随机和周期性地变化。在从分钟到年的任何间隔变化中，不规则的吸积盘会产生随机的亮度。亮度有规律的变化可能是由于恒星旋转时，太阳表面间歇性面对地球的较暗区域或太阳黑子造成的。"T-金牛座星"这个名字来自 1853 年英国天文学家约翰·欣德（John Hind）在金牛座观测到的第一颗这样的恒星。"T-金牛座星"本身是一颗非常年轻的恒星，大约有 100 万年的历史。

在几百万年的时间里，这颗年轻的恒星继续从吸积盘中成长，直到它达到聚变开始的临界质量和温度。然后，它的质量变得固定，因为它产生了强大的太阳风，这阻止了它进一步的吸积。在其核心的核聚变的驱动下，它成了一颗"主序"恒星。

另一个版本

英国天文学家诺曼·洛克耶是第一个在太阳光谱中发现氦的人，他对恒星的形成有着完全不同的理论。在一个基于冯·梅耶尔早期思想的假设中（见第 76 页），他认为恒星是由聚集的陨石形成的。最初，他提出空间被均匀分布的陨石占据，通过随机的移动和碰撞，它们聚集在一起形成了陨石群。最大的陨石群是星云。当流星被重力吸引到一起时，这些物质就会凝聚在一起，最终变得非常密集，它们会加热并汽化，形成恒星。恒星最终燃烧并冷却时，它们会凝固成冰冷的岩石。

棕矮星

不是所有的恒星都能成为明星。虽然质量足够大的原恒星（约为木星质量的 80 倍）可以转变成恒星，但质量较低的原恒星永远无法转变成恒星。质量是木星 13～80 倍的天体会变成棕矮星，这是很难探测到的黑暗物体。大多数棕矮星不产生可见光。它们的质量太小，无法进行氢核聚变，但也有少数能进行其他形式的活动。那些质量超过木星 65 倍的行星可能会转化锂，较小的行星可能会转化氘（^2H），将它们变成各种同位素。当它们可见时，大多数是暗红色或品红色，

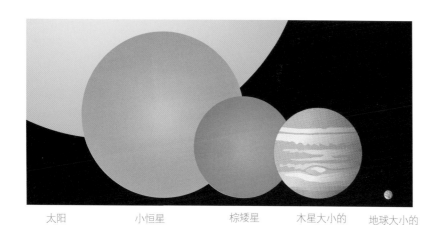

太阳　　　小恒星　　　棕矮星　　木星大小的　地球大小的
　　　　　　　　　　　　　　　　　行星　　　　行星

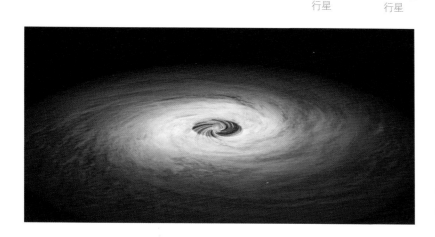

艺术家绘制的正在从吸积盘吸进物质，形成中的恒星。在现实中，恒星要比圆盘小得多。

所以看起来是褐色的。比棕矮星还要小的是棕亚矮星，比棕亚矮星小的都是气态巨行星。

棕矮星在最初形成时可以和恒星一样热，但如果没有核聚变来维持，它们就会变冷变暗。棕矮星的大部分辐射是红外波长的，天文学家们用非制冷红外摄像系统来研究它们。一些较老的棕矮星现在的表面温度约为室温，其大气中含有甲烷和水蒸气。到目前为止发现的最冷的行星是在2014年发现的，它和北极一样冷，温度为−48℃～−13℃（−54 ℉～−9 ℉）。它距离太阳只有7.2光年。这颗棕矮星的邻近和最近的发现强调了发现这些天体的难度。

棕矮星的存在是由印度天体物理学家希夫·库马尔（Shiv Kumar）在1963年提出的；"棕矮星"这个名字是在1975年创造的。直到1988年，一颗非常微弱的伴星被发现后，才发现了符合棕矮星标准的天体，但它是否真的应该被归为棕矮星还不清楚。第一颗无可争议的棕矮星出现于1994年。拉斐尔·洛佩斯（Rafael Rebolo）领导的西班牙天体物理学家团队在昴宿星团中发现了泰德1号（Teide 1）。

虽然被证实的棕矮星的数量只有几百颗，但2017年公布的一项估计表明，光是银河系里就至少有250亿颗，甚至1 000亿颗棕矮星。

在这个模型中，宇宙的最终状态将是"热寂"，大块冰冷的岩石永远漫无目的地移动。洛克耶认为，超新星的明亮爆发发生在恒星形成过快的时候。洛克耶用光谱学的证据来支撑他的理论。洛克耶声称，他发现超新星（以及彗星和新星）的光谱与陨石的光谱特征非常接近，并指出有一条光谱线与镁的光谱中的一条光谱线很接近。

英国天文学家威廉·哈金斯和玛格丽特·哈金斯（Margaret Huggins）验证了洛克耶的理论。

他们发现，这条光谱线很接近镁元素的光谱线，但并不一致，并提出这是一种地球上未知的新元素。这种元素后来被称为星元素。1927 年，美国物理学家和天体物理学家艾拉·斯普拉格·鲍恩（Ira Sprague Bowe，1898—1973 年）发现了这种"星云谱线"的真实性质，并确认它是双电离氧的标志。这种"被禁止"的氧形式不可能存在于地球上，但可能发生在超新星的极端条件下。

诺曼·洛克耶使用的纽维尔望远镜，这是 19 世纪 70 年代早期世界上最大的望远镜。

哪个先出现，恒星还是星系？

　　恒星集中在星系中，而星系存在于星团甚至超星团中。在这两者之间是大片的太空（据我们所知是这样）。但是星系的形成在很大程度上仍然是个谜。

　　天文学家怀疑星族 III 的恒星形成于星系之前。随着越来越多的恒星的形成，我们称为星系的星系群在宇宙大爆炸 10 亿年后出现了。另一种说法是，由物质组成的块状区域聚集在一起形成星系。更小的恒星密集区域合并成更大的区域，最终形成星系。星系仍然在结合和碰撞，所以这个过程还在继续。

恒星的分组

　　恒星从诞生到死亡的路径很难确定，因为我们只能观测到它生命的一小部分。这意味着，我们必须设法弄清楚恒星如何在我们所能看到的状态之间移动，以及它们可能采取的各种路径。第一步是根据相似性对恒星进行分组。

　　从最早期开始，人们就观测到一些恒星比其他恒星亮。第一个试图根据恒星的亮度对其进行分类的人是古希腊尼西亚天文学家希巴克斯（Hipparchus）。公元前 2 世纪，他编撰了一份星表，包含了至少 850 颗肉眼可见的恒星（当时的夜空还没有光污染）。他的星表没有保存下来，但它成了托勒密后来的星表的基础。希巴克斯根据恒星的亮度将其分为三种类型——明亮、中等和暗淡。

　　希腊－罗马时期的埃及人克劳迪斯·托勒密（Claudius Ptolemy，公元 100—170 年）是最具影响力的古代天文学家，他的以地球为中心的太阳系模型盛行了 1500 年。托勒密的《天文学大成》（Almagest）是现存最完整的古代

在拉斐尔的壁画《雅典学派》中，托勒密（穿着黄色长袍，在右边）举着地球仪。

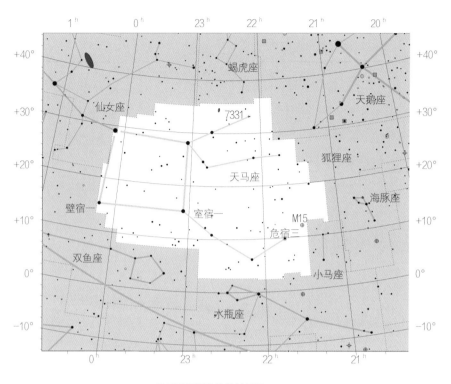

●1 ●2 ●3 ·4 ·5 ·6　　显示不同恒星星等的星图。

天文学著作。书中有帮助计算过去、现在和未来行星位置的表格，以及一份基于希巴克斯工作的星表。目录中列出了他在埃及亚历山大港的位置，在天空中可见的 48 个星座。托勒密扩展了星表，在 1~6 的范围内给出了恒星亮度（星等）的数值。最亮的恒星分作 1 等星，最暗的分作 6 等星。这种测量视星等的方法虽然经过修改，但仍在使用。不同大小的星图实际上代表了它们的视星等。

现代星等的标度超越了 1，进入了负数的范围，太阳的星等为 -26.74。对于用望远镜能看到但肉眼看不到的天体，星等远远超过 6。天体在标度上不再需要是整数。今天，如果星的亮度为 0.5~1.50，就被认为是 1 等星。

在 19 世纪，英国天文学家诺曼·普森

（Norman Pogson）建立了一个数学标度，其前提是 1 等星的恒星被认为比 6 等星的恒星亮 100 倍。因为在刻度的两端之间有 5 步，每一步的倍数是 $100^{1/5}$，或者说大约是 2.51。这意味着星等为 -1 的恒星的亮度是星等为 -2 恒星的 2.51 倍，是 -3 恒星的 2.51 × 2.51 倍，以此类推。普森将他的标度标准定为北极星（2 等星）。这个标度显然可以向任何一个方向延伸，使天文学家能够给出比 -1 等星更亮、比 -6 等星更暗的天体等级。

后来，天文学家发现北极星会有略微的变化，于是将参照星改为织女星（星等为 0）。20 世纪 50 年代，光敏传感器的出现让人们可以非常精确地测量恒星的光强度。

表象与存在

从地球上看到的恒星的视星等告诉我们的信息相对较少。两颗看起来大小相同的恒星可能非常不同：一颗可能离我们很近但很小，另一颗可能离我们很远但要大得多。当我们在夜空中观察恒星时，它们看起来就像在黑暗的穹顶内——没有什么能给人深度上的感觉，显示出一些恒星比另一些恒星要远得多。

早期的天文学家无法判断恒星的绝对星等或光度。今天，我们可以根据 10 秒差距（32.6 光年）的标准距离观测到的光度计算出恒星的绝对星等。例如，太阳离我们很近，其视星等为 −26.74。猎户座中的大恒星参宿四的视星等为 0.42，它的半径是太阳的 1 400 倍，但它离我们有 600 光年远。如果我们在距离太阳 10 秒差距的地方比较它们的星等，参宿四要比太阳亮得多——事实上，它的亮度是太阳的 1.87 万倍。

虽然能够量化它们的亮度是有用的，但这并不能告诉我们关于恒星的太多信息：一颗恒星可能比另一颗更亮，是因为这颗恒星更热或更大。量化没有告诉我们恒星在其生命的早期或晚期更明亮，也没有告诉我们恒星的亮度是否会发生变化。这些信息对于了解恒星的生命和宇宙的故事至关重要。为了解决这个问题，天文学家需要了解关于恒星组成和温度的更多信息。随着 19 世纪光谱学的出现，这一技术开始普及。正如我们所见（见第 80 页），光谱学揭示了氦在地球上被发现之前就已存在于太阳中。它成为研究恒星的一种越来越重要的方式。

第一个通过光谱进行分类的方案是由意大利天文学家安吉洛·西奇（Angelo Secchi）在 19 世纪 60 年代和 70 年代提出的。他首先确定了三个类别：

I 光谱中有重氢线的白色和蓝色恒星；

II 氢线不太明显，有些重元素光谱线的黄色恒星；

III 有复杂的光谱，橘黄色到红色的恒星。

后来他又增加了两类：

IV 光谱中含有强烈碳元素存在的恒星（1868 年添加）；

V 由光谱中明亮的发射信号标记出不寻常特征的恒星（1877 年添加）。

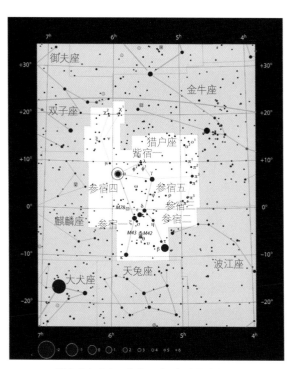

猎户座中参宿四的位置（用红色圈出）。

德雷珀星表

19 世纪 80 年代，哈佛天文台完成了一项雄心勃勃的恒星编目计划。这是内科医生和业余摄影师亨利·德雷珀（Henry Draper）的遗产。德雷珀在 1872 年拍摄了第一张恒星（织女星）光谱的照片。他推动了设备设计和技术的发展，但他在 1882 年死于胸膜炎，享年 45 岁。他的遗孀创建了一项基金，以纪念他制作了一份完整的恒星光谱表。美国天文学家爱德华·皮克林（Edward Pickering）负责这个项目，他雇用了一个由大量女性组成的团队来处理光谱。他们的成果集合成了德雷珀的光谱表。为目录制作光谱的方法与西奇（之前是夫琅禾费）所使用的方法相似，但结果以照片的形式保存了下来。每颗恒星发出的光都被玻璃棱镜分成光谱，然后聚焦在感光板上记录下来。

这些女天文学家被称为"皮克林的计算机"，甚至是"皮克林的后宫"，她们的工资低得可怜，每小时只有几美分。然而，经过几年的时间，她们做出了一项开创性的重要工作，奠定了 20 世纪天文学的基础。到项目结束时，该团队已经处理了近 25 万颗恒星。

该目录的第一卷出版于 1890 年，给出了 10 000 颗恒星的光谱分类。该卷的分类方法是由威廉敏娜（或威廉娜）·弗莱明（Williamina Fleming）设计的，基于西奇的方案，使用吸收光谱中的黑线。在这一点上没有人知道黑线的全部含义，但这并不限制它们在"指纹识别"恒星上的作用。

1917 年哈佛大学天文台的天文学家。

E. Woods　Evelyn F. Leland　Florence Cushman　Grace Brooks　Mary H. Vann　Henrietta Leavitt　Mollie O'Reilly　Edith F.

言外之意

吸收光谱中的暗线与原子中能级间电子运动的关系直到尼尔斯·玻尔的研究才被揭示出来。电子只能在一个原子的特定能级或轨道上存在。如果原子处于稳定状态，电子就保持在它们的轨道上，没有变化。如果以光子的形式给原子提供了恰好适量的能量，电子就可以从一个能级提升到下一个能级。每个电子轨道都有一个特定的能级，而电子只有在获得适量的额外能量时才能跃迁。

想象一下，一团氢气位于光源和记录其光谱的观察者之间。光源产生大量不同能量的光子，任何 10.2 eV（电子伏特）的光子都会被氢原子捕获，氢原子可以利用这些光子将电子从第一能级提升到第二能级。它们还可以捕获 1.89 eV 的光子，将电子从第二能级提升到第三能级。观测者将会在穿过氢云的光谱中看到与这些值对应的黑线，因为具有这些能量的光子已经被移走了。其他元素的原子中能级之间的电子有等效值的提升。所以，通过观察吸收光谱，熟练的光谱仪操作者可以计算出气体云中存在哪些元素。当我们观察太阳或其他恒星时，光源是恒星的核心，恒星的大气层提供了吸收光子的气体云。

Alta Carpenter　　Annie J. Cannon　　Dorothy Block　　Arville D. Walker　　Frank Hinkley　　Edward S. Kin

威廉敏娜·弗莱明（1857—1911 年）

弗莱明出生在苏格兰邓迪，原名威廉娜·史蒂文斯。她在当地学校上学直到 14 岁，然后成为那里的教师。她 20 岁结婚，随丈夫移居美国波士顿。丈夫在她怀孕时离开了她，她找了份皮克林的女仆的工作来养活自己和她还在襁褓中的儿子。1881 年，皮克林雇用她在哈佛天文台从事文书工作。当皮克林在 1886 年接到制作德雷珀星表的任务时，她的境况得到了改善。不久，她就开始负责带领一组处理恒星光谱照片的女性。弗莱明以西奇的分类法为基础，提出了一种分类法，并在此基础上进行了很大的改进——这是今天仍然使用的分类法的基础。1899 年，她被任命为哈佛大学天文摄影馆馆长。

在 4 年的时间里，弗莱明和她的团队

处理了数万颗恒星的光谱。她发现了马头星云和另外 58 个星云、310 颗变星和 10 颗超新星。她还发现了白矮星，一种在其生命末期温度极高、密度极高的恒星，并于 1910 年发表了相关论文。为了表彰她的成就，1906 年她被授予伦敦皇家天文学会荣誉会员。1911 年，她死于肺炎，享年 54 岁。

字母和数字

从西奇的方案开始，弗莱明使用了最多 5 个罗马数字，但创建了更多的类别，并给它们分配了字母表中的字母。她从 A 到 N 开始，后来添加了 O、P 和 Q（O 指光谱主要由亮线组成的恒星，P 指行星状星云，Q 指不属于任何其他类别的恒星）。哈佛天文台的另一位女性，安东尼娅·莫里（Antonia Maury，德雷珀的侄女），开发了她自己的恒星分类系统，这又用回了罗马数字，从 I 到 XXII。这让她与皮克林产生了

分歧，她离开哈佛好几年，但她的系统为后来的研究提供了支持。

另一个"计算机"——安妮·J. 坎农修改了弗莱明开发的系统，去掉了一半的类别，把其他的重新排序为 O、B、A、F、G、K、M、P 以及指代行星状星云和奇异现象的 Q。重新排序是根据温度而不是氢气的数量，因此恒星的物理性质是决定因素。在坎农的序列中，O 代表最热的恒星类别，M 代表最冷的恒星类别，太阳是 G 类恒星。这种转换依赖于从发射的能

马头星云位于猎户座，距离地球 1 500 光年。
1888 年，威廉敏娜·弗莱明发现了它。

量谱中计算出恒星的温度。

从光谱推导出来的恒星的实际温度是拥有相同表面积的理想黑体（见 108 页）产生相同能量输出所需的温度。坎农继续完善她的工作，开发了一套介于两个类别之间的恒星分类的系统。到 1912 年，她建立了现行系统的基础，并于 1922 年被国际天文学联合会采用。不公平的是，它被称为哈佛系统，而不是坎农系统。

在她的职业生涯中，坎农对 35 万多颗恒星进行了分类，当她的技能臻于完善时，她可以在 3 秒钟内对一颗恒星进行评估和分类。

红外线护目镜和照相机的工作原理是捕捉活的生物体发出的高波长红外线辐射。人体的体温相当低，所以我们在黑暗中看不到人或动物（当他们不反射可见光时），但他们会一直发出红外线——这是他们的体温（见 109 页的图片）。

皮克林的"计算机"团队在哈佛天文台工作。

光、热和黑体

如果给一个物体提供足够的热，它就会开始发光。起初，光是红色的，但随着温度的升高，它会变成黄色，最终会变成白色。1900 年，马克斯·普朗克意识到受热物体发出的光的波长与其温度直接相关。随着温度的升高，辐射的波长变短，辐射强度增加。

在物理学中，"理想黑体"是一个能吸收所有落在它上面的辐射、不反射任何东西的物体，所以它看起来是黑色的。目前还没有已知的物体是完美的黑色物体，但木炭非常接近"理想黑体"。理想黑体是确定温度和波长之间联系的标准。天文学家可以通过比较不同温度下黑体的光谱和标准光谱来计算恒星的温度，从这里可以计算出恒星的光的强度。

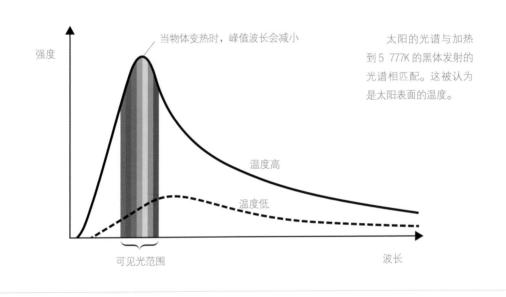

当物体变热时，峰值波长会减小

强度

温度高

温度低

可见光范围

波长

太阳的光谱与加热到 5 777K 的黑体发射的光谱相匹配。这被认为是太阳表面的温度。

把零件组装起来

哈佛系统现在根据光谱的吸收特性，把坎农的每一个类别细分为 10 个子类。这能很好地显示恒星的温度，但却不能说明它的光度。仅仅从哈佛的等级（O，B，A，F，G，K，M）是无法分辨恒星的类型和亮度的。1943 年，威廉·威尔逊·摩根（William Wilson Morgan）和菲利普·基南（Philip C. Keenan）增加了一层额外的分类，产生了今天使用的摩根－基南（或 MK）恒星分类系统。

摩根－基南恒星分类系统从哈佛系统的字母开始，然后在 0~9 范围内加一个数字（0＝最热，9＝最冷）来表示恒星在温度带中的位置。它还有一个罗马数字表示光度，从 0（或 Ia）到 V，其中 V 是最暗的。光度是由光谱中某些吸收线的宽度决定的，这些吸收线的宽度随恒星大气的密度而变化。结果是这个系统可以区分不同类型的恒星，如红矮星或超巨星（见 110 页），因为它们的密度不同。根据 MK 分类，太阳是一颗 G2V 星：一颗标准的黄色主序星。

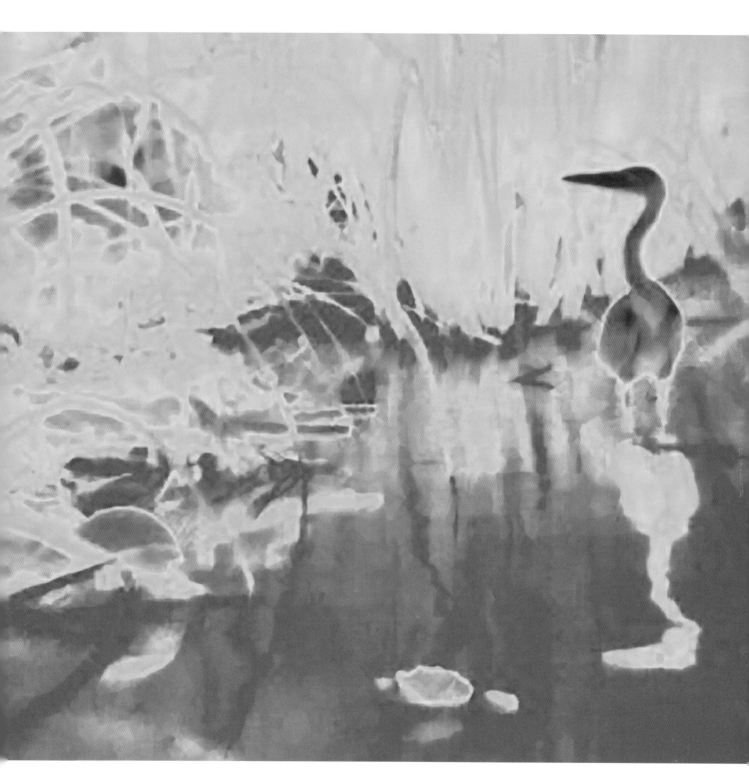

红外图像清晰地显示出这幅水景中生物的温度。

恒星分类

按温度分类的恒星：

O　超过 30 000 K，描述为蓝色

B　10 000 – 30 000 K，蓝白色

A　7 500 – 10 000 K，白色

F　6 000 – 7 500 K，黄白色

G　5 200–6 000 K，黄色

K　3 700 – 5 200 K，橙色

M　2 400 – 3 700 K，红色

按光度分类的恒星：

0（Ia+）　超大型或极亮的超巨星

Ia　明亮的超巨星

Iab　中等亮度的超巨星

Ib　不那么明亮的巨星

II　亮巨星

III　普通巨星

IV　亚巨星

V　主序（矮）恒星

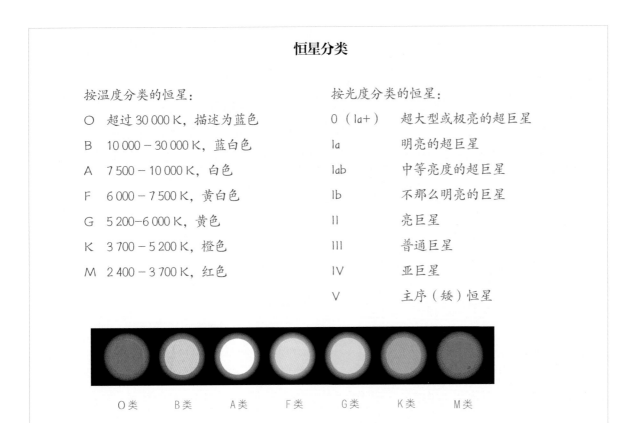

O类　　B类　　A类　　F类　　G类　　K类　　M类

安东尼娅·莫里的部分工作是根据光谱线的宽度来划分恒星。丹麦天文学家和化学家埃格纳·赫茨普朗（Ejnar Hertzsprung）认识到，与光谱分类相同的恒星相比，具有窄线的恒星在背景上移动得更少。他认为这表明窄线恒星更明亮。他利用视差计算出了几组这样的恒星之间的距离，这让他可以估计它们的绝对星等。

1913 年，亨利·诺里斯·拉塞尔研究了赫茨普朗从莫里的数据中识别出来的巨星，已知视差的附近恒星，以及可以计算出距离和绝对星等的几个星团和群。他绘制了光谱等级与绝对星等的对比图。

赫茨普朗和拉塞尔发现了一种将恒星分组的模式，这就是著名的赫茨普朗－拉塞尔图。现代版本（理论版本，因为它使用了计算值）中，

根据光度绘制温度，或者根据颜色与绝对星等（观测的版本，因为它使用的是可以直接测量的值）的对比绘制温度。两组坐标轴展示同样的东西，因为颜色与温度对应，亮度直接与绝对星等有关。

赫茨普朗－拉塞尔图现在是天文学中最有用的工具之一。天文学家只要在图上找到恒星的位置，就可以计算出他或她正在观测的恒星类型。如果恒星被发现是热的（在上图的左边），它将被分为三组：白矮星、主序恒星或特超巨星，如果它的光度（或绝对星等）低，它一定是白矮星；如果它有很高的光度或绝对星等，它一定是超巨星；如果它有很高的，但不是特别高的光度或绝对星等，它就是主序星。

下一个明显的问题是：这意味着什么？

辐射和大小

恒星的大小和它所发出的辐射之间的关系是由斯蒂芬-玻尔兹曼（Stefan-Boltzmann）定律定义的，该定律由约瑟夫·斯蒂芬（Josef Stefan）在 1879 年从实验数据中推导出来，并由路德维希·玻尔兹曼（Ludwig Boltzmann）在 1884 年从理论上得来。它指出，黑体单位表面积在固定时间内辐射的总能量（所有波长）与温度的 4 次幂（即温度 × 温度 × 温度 × 温度）成正比。因此，如果我们知道恒星或其他天体的表面积，并能测量出它发出的辐射的总能量，我们就能计算出它的温度。如果我们知道温度和另一个值，我们就能算出它所释放的能量或者它的表面积。

管理天文动物园

到了 20 世纪中叶，天文学家有了一个很好的方法来给恒星分类，此时他们还有光学望远镜和射电望远镜可以利用。他们知道恒星可以被清晰地分成几组，正如赫茨普朗-拉塞尔图所示，但不知道它们与恒星演化的关系。

主序星

通过观察夜空，我们可以看到不同阶段的恒星，也可以看到不同历史时期的恒星，因为它们与我们的距离不同。所以我们看到附近的恒星和现在的差不多，但我们看到的非常遥远的星系里的恒星是几百万年甚至几十亿年前的样子。

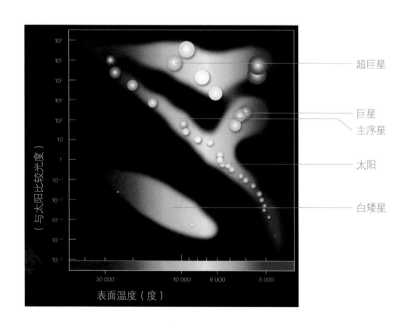

赫茨普朗-拉塞尔图绘制了恒星的温度和光度，显示了它们所属的主要恒星群。长且处在对角线的星群显示了主序星——那些在它们生命中活跃的部分。

宇宙中的大多数恒星处在主序星中。它们已经经历了原恒星和 T – 金牛座星的阶段，现在已经到了中年，在它们的核心由氢制造氦。从统计学上讲，这是有道理的，因为恒星在生命的开始和结束的时候花的时间相对较短。正如赫茨普朗 – 拉塞尔图所示，主序星可以是从 O 到 M 的任意大小；它们的生命周期因体型而异。

缓慢而稳定

开始聚变的最小恒星大约是太阳质量的 0.075 倍，这些恒星被归为红矮星；它们很冷，可以持续很长时间，可能长达万亿年。它们的大小是 0.075 个到 0.5 个太阳质量。在那些质量为太阳 0.4 ~ 0.5 倍的恒星中，聚变发生在整个恒星内部，而不仅仅是在核心，这大大延长了它们继续形成氦的时间。红矮星的亮度只有太阳的 10% 左右，所以尽管银河系中的大多数恒星是红矮星，但没有一颗可以用肉眼看到。因为红矮星存活的时间如此之长，所以宇宙的年龄不足以容纳年轻的红矮星。天文学家只能从理论上推测它们的生命将如何结束。这颗红矮星很可能直接进入白矮星阶段，而不会形成星云；它没有足够的引力能把氢聚变成更重的元素。

像太阳这样的恒星是黄矮星。它们通常是太阳质量的 0.8 ~ 1.4 倍，是主序恒星，会持续数十亿年。太阳的预期总寿命约为 100 亿年。白星是比太阳大的炽热主序恒星，质量是太阳的 1.4 ~ 2.1 倍。

速度与激情

下一级恒星，质量是太阳的 10 ~ 100 倍，是蓝巨星。它的亮度是太阳的 10 ~ 1000 倍。就像它表面上类似于星族 III 的恒星一样，蓝色巨星非常炽热和活跃，因此寿命很短。蓝色超巨星和特超巨星更大更亮。迄今为止发现的最明亮的巨星的亮度是太阳的 1 000 万倍。蓝巨星、超巨星和特超巨星是主序恒星。

有什么区别呢？

　　红矮星和黄矮星之间没有明显的分界线。天文学家已经开始根据它们的大小、温度和它们产生的辐射波长来对它们进行分类，但事实上，恒星是一个从冷到暖、从小到大的连续体。从根本上来说，它们并不是完全由不同的方法所形成，也不是来自完全不同的地方。来自其他世界的其他文明，可能会对这些恒星进行完全不同的划分。

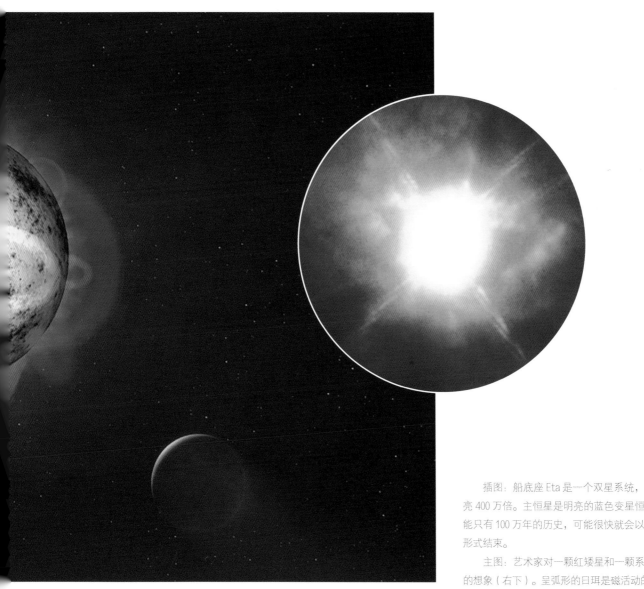

插图：船底座 Eta 是一个双星系统，比太阳亮 400 万倍。主恒星是明亮的蓝色变星恒星，可能只有 100 万年的历史，可能很快就会以超新星形式结束。

主图：艺术家对一颗红矮星和一颗系外行星的想象（右下）。呈弧形的日珥是磁活动的结果。

恒星如何吃掉自己

恒星在它们的主序列时间里所做的就是消耗构成它们的物质。正如我们所见（第 85 页），在恒星的中心，氢被融合成氦。四个氢原子核组成一个氦核，但氦核的质量略小于氢原子核的质量之和，额外的质量以能量（光子）的形式释放出来。这符合爱因斯坦的方程式：

$$E = mc^2$$

E 是产生的能量，m 是起始粒子和结束粒子之间的质量差，c^2 是光速的平方。氢核和氦核之间的质量差很小，为 4.8×10^{-29} 千克（即 0.[28 个零]48 千克），但是光速的平方是一个巨大的数字。结果是，每一个微小的原子聚变行为

所产生的能量约为 4 万亿分之一焦耳（4.3×10^{-12} 焦耳）。这听起来不多，但在恒星的中心，每秒钟都有大量的氢被融合。在像太阳这样的恒星中，有足够的氢使核聚变持续约 100 亿年。

加速生产

如果恒星足够大、足够热，它就会切换到另一种叫作 CNO（碳 – 氮 – 氧）核合成的模式。只有当温度达到 2 000 万 K 时，它才能做到这一点。

CNO 核合成比质子 – 质子链更多产，也是在质量超过太阳 1.3 倍的恒星中产生氦的主要途径。这个循环是 1938 年由卡尔·冯·魏茨

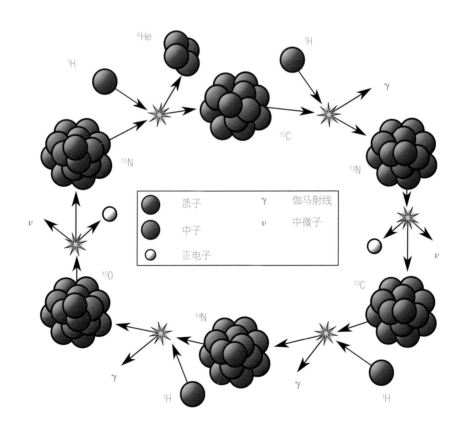

	质子	γ	伽马射线
	中子	ν	中微子
	正电子		

CNO 循环，在比太阳大的恒星存在碳催化剂的情况下产生氦。

泽克（Carl von Weizsäcker）独立提出来的，汉斯·贝斯在1939年也提出过。这只能在碳存在的情况下发生，碳催化反应的顺序是：

· 碳-12原子核捕获一个质子并释放伽马射线，产生氮-13；

· 氮-13不稳定，它衰变成碳-13，释放出一个正电子（一种粒子）；

· 碳-13捕获一个质子，变成氮-14，释放出伽马射线；

· 氮-14捕获另一个质子，变成氧-15，释放出伽马射线；

· 氧-15变成了氮-15，释放出一个正电子；

· 氮-15捕获一个质子并产生一个氦原子核（阿尔法粒子）和碳-12，这样就能还原原来的催化剂。

这只有在有碳元素的情况下才会起作用，所以对于第一代恒星来说这不是一个选择，但对于星族II和星族I的恒星来说却是有效的聚变。

大多数碳是在红巨星内部融化的。红巨星的大气温度足够低，气态的碳可以凝结成固体粒子，也就是一组黏合在一起的原子。来自恒星内部的辐射压力迫使粒子进入太空，它们成为星际介质的成分。同样的过程将其他浓缩元素带入星际介质。甚至在恒星死亡之前，它就加入了宇宙的混合物中。

光子的长途旅行

恒星物质的密度很大，大约是水的密度的150倍。恒星内部发生的每个反应剩余的能量就会以伽马射线光子的形式释放出来。光子碰撞到一个原子，然后被重新辐射，通常是朝着不同的方向。光子不是一直以光速运动，而是在撞击另一个原子前以光速运动了很短的一段距离，然后不得不停下来重新定向。它的平均速度约为每秒四分之一毫米，或每分钟不到2厘米。

每个光子迟早（通常是以后）都会偶然地找到通往辐射区的路，辐射区是一个巨大的区域，几乎占恒星深度的一半。一般来说，光子需要数千年才能完成这一旅程。在辐射区，光子被再次辐射，但现在它们的波长增加了，它们被降级为可见光和其他波长较长的能量形式。恒星深度最后的30%是一个对流带。从这里，能量通过对流传播，热气体从深处绕到表面。

从恒星表面，能量可以逃逸到太空中。光子现在具有不同的能级，从恒星发出，组成可见光、红外线、紫外线、X射线和其他我们能探测到的辐射形式的混合物。到达表面的旅程可能需要10万年，而光子从太阳到达地球只需8分钟。

　　星团 NGC 3532 包含大约 400 颗恒星。一些较小的恒星仍然是蓝色的，许多
较大的恒星已经成为红巨星，甚至更大的恒星已经以超新星的形式结束了生命。
该星团距离地球 1 300 光年，大约有 3 亿年的历史。

老化的恒星

对于恒星来说，它们的体积越大，衰老的速度就越快。当质量是太阳的 0.5 倍到 8 倍乃至 10 倍时，它们就会变成红巨星或超巨星。

当这样一颗恒星将其核心的所有氢融合成氦，核反应停止时，核心就会在自身重力的作用下收缩，不再有任何来自核聚变的向外压力来平衡向内引力，因此平衡被打破，引力占主导地位。但是收缩会把更多的氢从距离恒星更远的地方吸进来，进入一个温度和压力足够高、可以进行聚变的区域。然后，氢聚变开始于核周围的壳层。其结果是恒星的外部区域大规模膨胀。壳层中聚变氢的能量分布在更大的区域，因此平均温度下降。当恒星冷却时，辐射的可见光向光谱的红端移动——它变成了一颗红巨星。

接下来会发生什么取决于恒星的大小。在质量为 0.5 ~ 2 倍太阳质量的恒星中，它的核心将会变得越来越密集，越来越热，直到它能够聚变氦，形成更重的元素碳和氧。当它达到临界状态的时候，在大约 1 亿 K 的状态下，整个核开始在所谓的"氦闪"中同时聚变氦。更大的恒星开始氦聚变的过程更缓慢，没有闪光。反过来，当核心中的氦气耗尽时，地心又会收缩。氦可以在核外的一层壳内开始聚变，就像氢一样。氢也可以在氦层之外的更深层发生聚变。

在成为红巨星大约 10 亿年之后，这颗恒星大规模膨胀，将其外层喷射出来，形成一个像云一样的行星状星云，在中心只留下稠密的碳氧核，被称为白矮星。白矮星的大小和地球差不多，但密度是地球的 20 万倍。如果我们能把一茶匙白矮星的物质带到地球，它将重达 15 吨。

白矮星仍然很热，仍然会辐射能量，但它们会慢慢冷却。总有一天，它们不再产生足够的能量来发光，之后会变成黑矮星：一种在宇宙中看不见的冷而致密的物质。现在还不可能有任何黑矮星，因为白矮星需要数万亿年的时间才能冷却到这种程度。

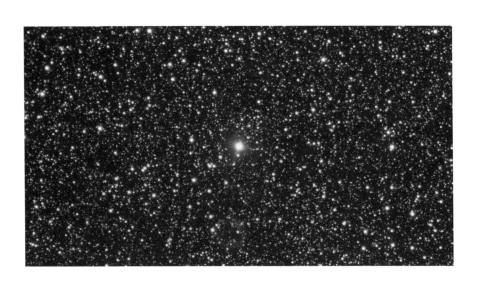

这个模糊的红色圆圈底部中心是氦闪——一颗白矮星正在膨胀回红矮星的大小，继续聚变氦。

恒星的凋亡

更大的恒星以不同的方式死亡。质量至少是太阳 10 倍的恒星可以超越碳氧元素，将更重的元素融合成铁和镍。铁是能在恒星中心形成的最重的元素。融合成铁和镍会释放能量，但需要输入能量才能产生更重的元素，所以恒星的核合成无法产生这些元素。最后，当恒星无法融合铁元素时，它们就会灾难性地死亡。

当地核是铁时，核聚变就不可能发生。能量生产的突然停止使核心收缩，外层也随之收缩。但它们向内坍缩的速度如此之快，以至于它们以接近光速的速度从铁核上反弹回来。冲击波把这颗恒星炸开，爆炸后的亮度是原来的恒星的 1 亿倍 ——有时明亮得像整个星系。

穿透各层的燃烧

大恒星聚变重元素的时间不会像小恒星那样长。像太阳这样的恒星可以燃烧氢大约 100 亿年。一颗质量是太阳 25 倍的恒星可以融合碳，但只能持续约 600 年；然后它可以融合氖 1 年，氧 6 个月。当它的温度达到 30 亿 K 时，它可以将硅融合成铁，但在一天内就会耗尽它的能量，只留下一个铁核。

这是艺术家对伽马射线爆发的印象，宇宙中最明亮、最强大的天文现象的想象图。
大质量恒星爆炸时产生的伽马射线爆发通常只持续几秒或几小时。

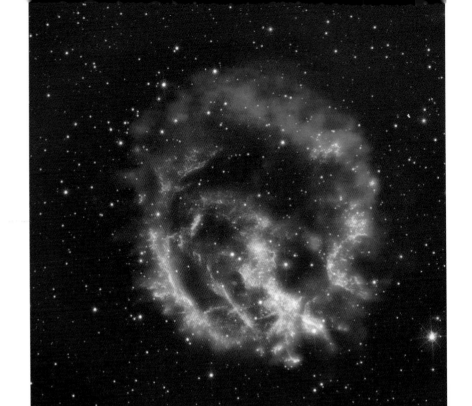

这张小麦哲伦星云区域的合成图像包含了我们星系外发现的第一颗中子星。它处于红色圆圈内在左边的小点处。

当核向内坍缩时，其核心的压力如此之大，以至于原子被压碎——质子和电子被迫一起变成中子。这颗之前是恒星的天体，其核心只有中子，变成了中子星。中子星的物质密度如此之大，一茶匙中子星的物质会重达40亿吨。这颗恒星的核心仍然比太阳的质量大，但是它被塞进了一个直径只有16千米（10英里）的一个小团中。

质量是太阳30倍的巨大恒星甚至在最后都不会留下中子星。它们最终会以超新星的形式结束，而核心物质在巨大的引力作用下变成黑洞。恒星消失，但最终是新的开始。

大大小小的恒星的状态。

119

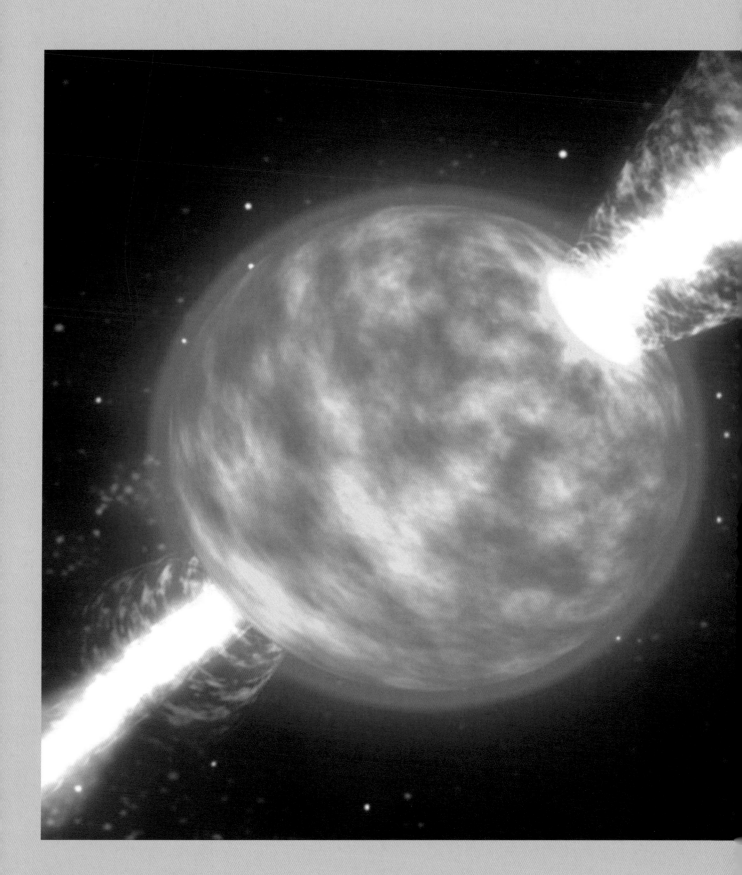

第六章

"自然界的凤凰"

这些灼热的太阳……连同被不可言喻的热所溶解的行星的随从，将把它们的物质分散在它们球形的旧空间里。在那里，新形成的材料是通过同样的力学定律提供的，通过这些材料，空虚的空间可以再次充满各种天体世界和系统……这只自然界的凤凰，自焚后从灰烬中重生，穿越无尽的时间和空间获得新的生命。

——伊曼努尔·康德（Immanuel Kant），1755 年

我们没有证据表明第一次摧毁了星族 III 恒星的超超新星的存在。这些超超新星一定是超乎想象的壮观。天文学家对超新星的了解来自我们所能看到的证据，即银河系和其他星系中星族 I 恒星的消亡。

这幅艺术家的想象图展示了一颗巨大的沃尔夫－拉叶星成为超新星前的瞬间，物质以接近光速的速度喷射出来。

观测超新星

超新星的燃烧非常明亮，有些甚至可以从地球上用肉眼看到。最近一次清晰地观测到的超新星是 1604 年的开普勒之星（SN 1604）。

天上的客人

1054 年 7 月 4 日，中国和阿拉伯的天文学家观测到一颗特别明亮的超新星，或称"客星"。考古证据表明，北美土著居民也观察到了它。中国天文学家有最长的连续观测和报告星象的传统，这些早期的天文学家用肉眼观察所留下的记录对后来的天文学家来说是无价的。

中国的记录显示，在公元前 532 年至 1054 年的 1 500 多年间，有 75 颗"客星"，不过这些"客星"可能并不都是超新星。从 1054 年到现在，只有 2 颗肉眼可见。现在记录在案的"客星"中，最早被确认为可能是超新星的"客星"是在公元 185 年目击到的。根据中国的文献，这颗超新星在 8 个月或 20 个月（取决于对文献的解读）的时间里都是可见的。超新星遗迹 G 315.4–2.3 现在被发现位于记载的"客星"所在的区域。中国天文学家在公元 393 年记录了另一颗客星，现在与天蝎座超新星遗迹 SN 393 联系在一起，但它的身份还不确定。其他可能的超新星事件发生在公元 369 年、386 年、437 年、827 年和 902 年——在 500 多年的时间里，

这幅阿纳萨齐人在新墨西哥州佩纳斯科布兰科（Penasco Blanco）留下的岩石雕刻可能记录了 1054 年的超新星。每隔 18.5 年，月球和地球相对于恒星的位置与 1054 年时的位置相同。当月亮在佩纳斯科布兰科上空的手所指示的位置时，望远镜就会发现岩石铭文中恒星位置的 SN 1054 的遗迹。

> 客星出南门中，大如半筵，五色喜怒稍小，至后年
> 六月消。占曰："为兵。"
>
> ——范晔《后汉书》，约 450 年

这似乎有点多——但没有任何超新星遗迹与它们有关。

人们确定目击的下一个壮观的超新星事件发生在 1006 年。这显然是人在夜空中所见过的最亮的恒星。在中国、埃及、伊拉克、意大利、日本和瑞士都有记载，可能法国、叙利亚和北美地区也有目击。2003 年，由美国天文学家弗兰克·温克勒（Frank Winkler）领导的一个研究小组将该事件与现在几乎看不见的超新星遗迹联系起来。通过观察残骸增长的速度，他们计算出它距离地球约 7 100 光年（所以发生在 1006 年的事件实际上发生在公元前 6106 年左右）。这可能是一颗 1a 型超新星，它们的光度总是相同的。从它的距离计算，我们可以知道从地球上观测到的它的亮度介于满月和金星之间。

1054 超新星（现在被命名为 SN 1054）留下了一个遗迹，现在被称为蟹状星云。这缘于 4 000 光年外的一颗恒星爆炸。这颗客星非常明亮，甚至在白天都能看到它，持续了 3 周，直到 2 年后才完全消失在人们的视野中。奇怪的是，欧洲没有关于这颗超新星的记载，也许是因为在阿拉伯以外的地方，天文学还不发达。

远在天边

虽然中国、日本、韩国和阿拉伯的天文学家记录了他们的观测结果，但他们当然不知道超新星是什么。下一次壮观的超新星爆发发生在 1572 年，丹麦天文学家第谷·布拉赫（Tycho Brahe，1546—1601 年）目睹了这一幕。他是最后一位伟大的裸眼天文学家，望远镜是在他死后几年才发明出来。

尽管布拉赫无法说出超新星是什么，但他确实在此基础上对西方天文学做出了重大改变。到当时为止，主流的观点依然是亚里士多德的观点：天堂是完美的、不变的。这符合基督教会的理念，因为它信奉上帝创造万物的理念。毕竟，上帝为什么要创造不完美的、必须改变的天堂呢？

一颗新星的出现挑战了这一观点。人们立即假设这是一颗无尾彗星。彗星被认为是地球上的一种现象——发生在月球下面，所以不是真的在天空中，可能是某种天气现象。第谷试图测量这颗新星的视差，他的失败表明，这颗

第谷·布拉赫。

第谷·布拉赫（1546—1601 年）

第谷（或蒂厄）·布拉赫出生于丹麦贵族家庭。他由叔叔抚养长大，年轻时曾周游欧洲，在多所大学学习。其间，他开始对天文学和炼金术感兴趣，并购买了天文仪器。他还在 1566 年与另一名学生的决斗中失去了一部分鼻子，这件事很出名。所以，布拉赫的余生都戴着金属义鼻。

布拉赫于 1570 年回到丹麦，在那里目睹了 1572 年的"新星"，也就是现在的超新星遗迹 SN 1572。他相信只有严格的观察才能使天文学发展得更好，于是接受了丹麦国王腓特烈二世（King Frederick II）的邀请，在哥本哈根海岸附近的哈芬岛上建立了乌拉尼堡天文台。后来这里成了欧洲最好的天文台。布拉赫设计和制造了新的仪器，培训了年轻的天文学家，并进行了夜间观测，获得了那个时期最全面和最有价值的天文数据。夜间观测似乎是天文台的基本要求，但天文学家的惯例是只在行星（或月球）轨道的关键位置进行观测。布拉赫的连续观察模式发现了之前没有发现的异常。

最终腓特烈二世去世，布拉赫与新国王闹翻。1597 年，他离开乌拉尼堡，游历欧洲 2 年，1599 年，他定居布拉格，住在鲁道夫二世（Rudolf II）的宫廷里。伟大的德国天文学家约翰内斯·开普勒来到布拉格，与布拉赫一起研究火星轨道的问题。

布拉赫是一个丰富多彩的人物。他曾养过一只驼鹿，他曾带这只驼鹿去参加一个宴会，结果驼鹿因为喝了太多啤酒，最后从楼梯上掉下来摔死了。布拉赫自己的生命也是在另一场宴会上结束的。在那次宴会上，他过于保持礼貌而强忍着没有起身上厕所，结果他因此患上了膀胱感染，也可能由此导致了膀胱破裂，于 10 天后去世。

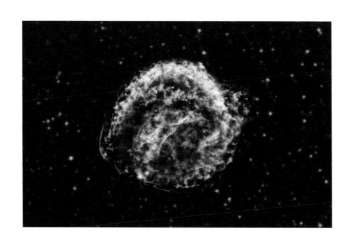

SN 1604 是开普勒在 1604 年观测到的超新星遗迹。

125

这是距离地球 1 600 光年的 J 0806 双星系统的 2 颗白矮星。这 2 颗恒星每 321 秒绕对方旋转一次，而且越来越近。它们目前仅相隔 8 万千米（5 万英里），最终将会合并。

星要比所有人认为的距离远得多。

幸运的突破

几年后的 1604 年，又发生了一次壮观的超新星事件，让更多的天文学家得以观测到这一罕见的事件。

伽利略和布拉赫一样，都无法计算出超新星的视差。曾与布拉赫一起工作的开普勒，利用它的没有视差的特点来证明它在恒星的球面上，进一步削弱了完美天堂说法的地位。这颗超新星在白天可见 3 周，晚上可见 18 个月。1941 年，人们利用威尔逊山天文台 100 英寸的望远镜发现了一个与 SN 1604 超新星有关的气体云残留物。据认为，该气体云距离地球不到 2 万光年。

并非银河系中的所有超新星都能从地球上看到。最近的超新星，命名为 SNIa G1.9 + 0.3，发生在 1890 年到 1908 年之间，可能是由两颗白矮星合并引起的。它是 1984 年通过 VLA 望远镜观测发现的，但当时还不可见，因为星系中心密集的气体和尘埃云挡住了它。经过大约 120 年的时间后，残骸直径为 2.6 光年。

虽然在银河系内还没有其他超新星被目击到，但在其他星系中的一些超新星是肉眼可见的。因为它们可以在短时间内发出比整个星系更明亮的光，所以有时我们可以看到它们。一个银河系大小的星系大约每 50 年就会出现一颗超新星，但星系太多了，在已知的宇宙中，大约 1 秒钟就会出现一颗。

向前追溯

正如范晔在约公元 450 年时的描述所表明的那样，超新星过去被赋予了占星术而不是天文学的意义。就连开普勒也靠占星术赚钱，而且显然相信占星术的合理性。在 1604 年，人们还没有对恒星的认知，当时人们普遍认为恒星是固定在环绕地球的球体内部的光，这是托勒密提出的模型（见 101 页）。只有在 19 世纪中期光谱学发展之后，对超新星的研究才有了成果。

"无边无际的星云荒野"

在 19 世纪中期，人们无法区分不同种类的星云，即那些由梅西耶编目的云状物体天体（见 14 页）。英国－爱尔兰天文学家威廉·帕森斯（William Parsons，即罗斯勋爵）用他 6 英尺高的反射望远镜观测了几个星云，这在当时是无可匹敌的。就连他在 1850 年也说过，"这个主题已经变成了……更神秘，更不可接近"。1863 年，另一位英国天文学家托马斯·威廉·韦伯（Thomas William Webb）思索着星云是否在如此"不可接近"的距离，以至于它们永远不会单独地得到解决。他想知道，星云是否表明，天空的某些部分充满了发光的"牛奶"（可能是银河系）？他希望不断改进的望远镜能够解答天文学家们的疑问，他们发现自己"在浩瀚无垠的星云中没有向导"。

其中有一个困难是，天体只能由天文学家通过望远镜仔细地勾画出他们所看到的东西来记录。当像星云形状产生明显变化这样有争议的事情成为争论焦点时，人们就会忙于争论画出来的这些图是否被误读或复制得很糟糕。在研究星云时，摄影的第一个用途是记录天文学家的图纸，而不是星云本身。1880 年，亨利·德雷珀拍摄了第一张星云（猎户座）的照片，但其图像质量远不及天文学家通过望远镜所看到的那样清晰。

会变化的星云

许多梅西耶星云是星团或星系。这些是稳

德雷珀1880年拍摄的猎户座星云。

安德鲁·康芒（Andrew Common）拍摄的猎户座星云 M 42，摄于 1883 年，经过长时间曝光。

定的：它们每年看起来都是一样的。但是超新恒星云的大小和形状会随着时间的推移而变化。被观测到的一些星云形状出现的变化很快就被注意到了。1861 年，约翰·拉塞尔·欣德注意到，他 10 年前观测到的一个星团显然已经消失了。这是怎么发生的？这个星团或星云有一颗明亮的恒星与之相关，这颗恒星首先引起了欣德的注意。这颗恒星被归类为新星（意思是"新天体"）。它突然出现，离星云如此之近，以至于它们似乎正在接触。然后那颗明亮的恒星变暗了，几乎看不见了。欣德想知道它是否与星云有某种联系，或者星云是否像变星一样是可变的。这颗新星似乎是一颗变星。另一种可能是某个黑暗的东西在星云前面移动，但我们无法知道它是如何移动的，也无法知道它是什么。这是一个谜题。

我们这儿有多么发人深省的东西，有多么广阔的观察天地，一两年以前是做梦也想不到的！如果星云不是我们教科书上描述的那样，那什么是星云？这些问题以及其他上千个问题都是基于我们目前所掌握的、未预料到的星云变化现象的观测结果而提出来的。

——诺曼·洛克耶，1864 年

年轻的猎户座LL星被猎户座星云中流动的气体包围。

英国天文学家约翰·赫歇尔。

可变恒星进入视野

使用相对强大的望远镜进行的扩展观测使天文学家注意到一些恒星亮度的波动。1848年，欣德发现并绘制了三颗变星（包括T-金牛座，T-金牛座恒星以它的名字命名），并注意到一颗已知恒星的波动。诺曼·普森从1861年开始在印度工作，他发现了106颗变星、21颗可能的变星和7颗可能的超新星。有些变星与星云有着令人费解的联系，就像直到1861年才观测到的那颗后星云。

1863年，约翰·赫歇尔说在1837年到1838年，南方天空中有一颗与星云有关的恒星明亮地闪耀着，到1843年它变得更加明亮，到1850年开始褪色。更令人惊讶的是，相关星云的形状发生了相当大的变化。赫歇尔的草图描述了一个钥匙孔形状，但25年后，其他天文学家发现该星云的顶部和底部是开放的。赫歇尔写道，如果所述的变化能够被证实，"这可能是恒星天文学中发生的最令人震惊的事情"。

在19世纪60年代，关于变化星云的报道越来越多，但在理解方面并没有实质性的改变，直到1864年，恒星光谱学的先驱威廉·哈金斯将注意力转向了新星。哈金斯逐渐意识到，恒星的光谱中包含着揭示其化学组成和物理特征的线索。他确信在整个宇宙中都有一个类似的"计划"，所有恒星都有相同的材料和物理条件。他想知道星云是否也有同样的情况，他是否能辨别出星云和恒星之间的"本质上的物理区别"。他预期的可能是温度或密度的差异，而不是化学成分的差异，因为他相当确信宇宙的化学物质是相当普遍的。

读者现在也许能够自己想象出那种在某种程度上激动不安、夹杂着敬畏的感觉。怀着这种感觉，我犹豫了片刻，把目光投向分光镜。我不是要去探索宇宙创造的秘境吗？

——威廉·哈金斯在 1897 年描述了在他 1864 年的经历

威廉·哈金斯是天文光谱学的先驱。

令人惊讶的条纹

哈金斯首先假设，如果星云是由恒星组成的星团，那么它们的光谱应该显示出在恒星中发现的所有化学元素，其连续的背景颜色被一些深色吸收线打破；如果星云是恒星可能形成的气体云，它们就会显示出火焰和火花所产生的明亮的发射光谱线。

哈金斯首先成功地将分光镜转向猫眼星云，他看到的景象让他大吃一惊。

他看见一条颜色单一的明亮线条。仔细观察后，他发现了另外两条单色线，它们之间的距离很大。他选择的星云显然一点也不像太阳。在观察其他行星状星云时，他发现了同样的特征，但一开始他不确定如何将其与星云可能的本质联系起来。如果它们是星团，它们一定是完全不同于太阳和他研究过的其他恒星的星团。

光谱特征表明，这些星云是气体云，或者至少是带有气态光表面的天体。它们的成分要么是氢和氮的混合物，要么是地球上迄今未知的某种物质。哈金斯的工作揭示了一些星云具有恒星的特征，并且很可能是星团（或者后来出现的星系），而另一些星云具有气体云的特征。

新的新星

1866 年，哈金斯第一次对北极光日冕星云进行了光谱观测。当年 5 月，爱尔兰业余天文学家约翰·伯明翰（John Birmingham）目睹了一颗曾经暗淡（9 等星）的恒星突然爆发为 2 等星恒星。他写信给《纽约时报》讲述了他的发现，但报社没有刊登他的信，所以他征求哈金斯对此事的看法。哈金斯在 4 天前检测了这颗新星的光谱，当时这颗新星已经开始褪色了。他发现了热氢的特征线，并得出了惊人的结论。他认为，在突然产生的光的背后可能是灾难性的爆炸，爆炸的氢气形成了灿烂的、发光的云。仅仅 9 天之后，这颗耀眼的新星就消失得无影无踪了。现在在这颗超新星的位置可以看到暗淡的恒星北冕座 T。

"超新星"一词是在 1934 年由沃尔特·巴德和弗里茨·兹威基提出来的，用来描述爆炸而不是残骸。在威尔逊山天文台工作时，他们观察到仙女座星系，现在被命名为 S 仙女座星系（SN 1885 A）发生了超新星事件，并提出当恒星坍缩成中子星时，就会发生超新星事件，产生宇宙射线。不久，在 1938 年，巴德把星云和超新星遗迹联系起来，认为蟹状星云是中国天文学家

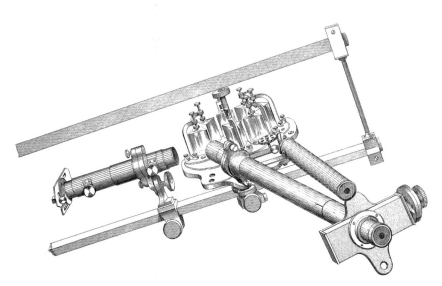

洛克耶的"分光镜"或光谱仪，洛克耶用它发现了太阳大气层中的氦。

生或死？

　　根据拉普拉斯（Laplace）的星云假说（见第 166 页），新星发出的光首先被解释为恒星诞生的时刻，而不是它死亡的时刻。根据这一理论，当旋转圆盘的中心部分有足够的能量开始发挥恒星的作用时，它就被"打开"，发出强烈的闪光。

　　詹姆斯·金斯对此有另一种解释。根据他的尽可能得到新材料的稳态宇宙模型，他将星云看成某种港口，新的物质从这里发出："星云的中心本质上是'奇点'，物质从某些完全不属于我们宇宙的空间维度中涌入我们的宇宙，从而到了我们宇宙的成员身上，这些星云就像是物质源源不断被创造出来的据点。"（1928 年）

南加州威尔逊山上的克拉斯天文台。

在 1054 年记载的超新星 SN 1054 的残骸。他指出尽管残骸看起来像行星状星云，但它膨胀的速度排除了这种解释。他还提出 Ia 型超新星可以作为距离的指示标志。

不止一种类型

1941 年，德裔美国天文学家鲁道夫·闵考夫斯基（Rudolph Minkowsky）和巴德一起工作，将超新星分为两种类型——I 类和 II 类——通过不同的光谱特征。这种早期区别是基于光谱的特征，而不是超新星的实际性质和起源的差异。天文学家现在区分了光谱相似的类型 Ia 和 Ib/Ic，它们有着非常不同的成因。

被当作标准烛光的 Ia 型是两个物体相互作用的结果。白矮星从伴星上偷取物质，有效地将自己填满，从而变得足够热，开始融合碳。它进入核聚变阶段几秒钟后导致恒星灾难性的坍缩。这次爆发的星等始终为 -19.3（太阳亮度的 50 亿倍）。Ib/c 型超新星是由大质量的沃尔夫 - 拉叶星（融合了所有的氢并正在融合氦或更重的元素的巨星）坍缩而产生的。

1946 年，弗雷德·霍伊尔首次提出了超新

标准烛光

标准烛光是已知的亮度不变的物体。它们可以用来判断空间中的距离，并构成宇宙距离尺度的一部分。Ia 型超新星和造父变星是最有用的标准烛光。

对于 100 光年以外的物体，天文学家可以使用视差来计算距离。除此之外，在大约 1 000 万光年之外，则用造父变星的亮度来计算距离。正如亨丽埃塔·莱维特 在 1912 年所证明的那样，造父变星的周期（爆发亮度的间隔）取决于恒星的绝对星等。恒星越亮，周期越长。知道恒星的周期可以让天文学家计算出它的亮度，从而计算出它的距离。

在 100 万光年之外，还有其他方法可以用来计算距离，包括测量 Ia 型超新星的亮度。由于实际的亮度总是相同的，所以超新星的距离可以从它的表观亮度计算出来。

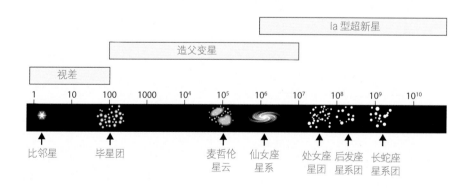

使用"标准烛光"计算天文距离。

远　离

超新星事件会产生大量能量，以伽马射线的形式注入太空。幸运的是，我们的太阳不是那种会演变成超新星的恒星，但附近的许多恒星可能是。我们离超新星有多远才能生存下来？50～100光年的距离可能会让你感觉更安全，尽管在这个范围内可能有几百颗恒星可以产生超新星。

如果距离地球30光年的恒星发生超新星爆炸，伽马射线可能会导致地球发生突变，它们可能破坏臭氧层，在大气中产生一氧化二氮烟雾，改变气候，破坏构成海洋食物链基础的浮游植物和珊瑚礁群落。物种大规模灭绝的可能性非常大。对这类事件发生频率的估计从每1 500万年到每2.4亿年不等。地球已经经历了5次大灭绝，其原因尚未全部确定。地球仍然有可能已经遭受了由附近超新星引起的大规模灭绝。

目前，距离我们星系相当近的地方最可能出现壮观超新星爆发的是巨大的参宿四，它可能在明天到100万年后的任何时候发生内爆。幸运的是，我们与其的距离相当安全——430光年——但它会上演一场精彩的表演。据估计，距离地球600光年以内的超新星每10万年发生一次。

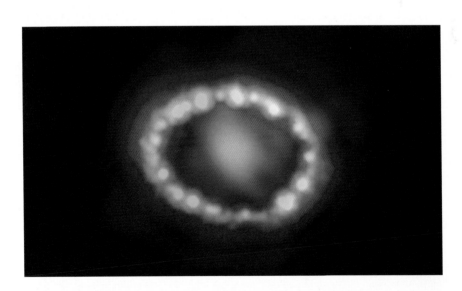

SN 1987 A是几百年来离地球最近的一颗超新星，也是自1572年以来最亮的一颗。它燃烧的能量是太阳的1亿倍。

世界怎样运作：宇宙

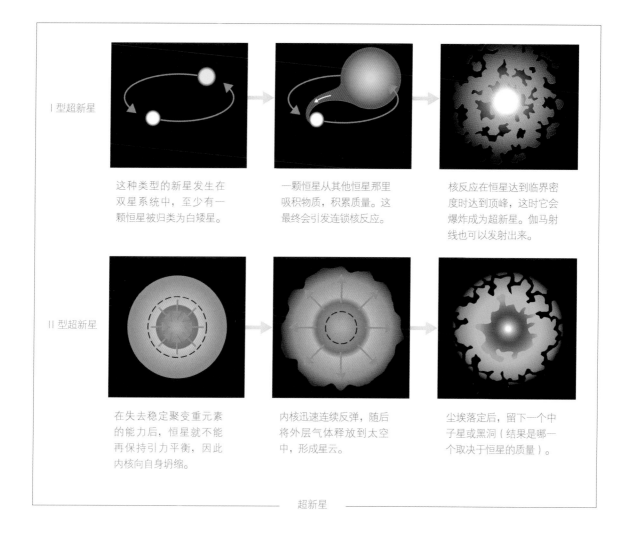

I 型超新星

这种类型的新星发生在双星系统中，至少有一颗恒星被归类为白矮星。

一颗恒星从其他恒星那里吸积物质，积累质量。这最终会引发连锁核反应。

核反应在恒星达到临界密度时达到顶峰，这时它会爆炸成为超新星。伽马射线也可以发射出来。

II 型超新星

在失去稳定聚变重元素的能力后，恒星就不能再保持引力平衡，因此内核向自身坍缩。

内核迅速连续反弹，随后将外层气体释放到太空中，形成星云。

尘埃落定后，留下一个中子星或黑洞（结果是哪一个取决于恒星的质量）。

超新星

星内部的情况。他认为重元素的核聚变从系统中移走了足够的能量，让引力坍缩成为可能。这样一来，这颗恒星就会变得不稳定，并将元素驱逐到星际空间。后来，在 20 世纪 60 年代，霍伊尔和威廉·福勒（William Fowler）进一步探索了快速核聚变为超新星提供能量的想法。

1987 年，大麦哲伦星云中的一颗超新星在开始爆发后数小时内被发现，天文学家们观察了它的发展和结果，证实并巩固了关于超新星形成的理论。

风暴之后

超新星是主序恒星（或一对恒星）生命的终结，但它也是新事物的开始。坍缩本身涉及巨大的能量和压力，以至于在恒星中心不可能发生的核合成可以开始。铁的聚变需要（而不是释放）能量，可以在超新星的高能环境中完成，包括金、钚和铀在内的重元素也会产生。这些物质加入星际介质，在分子云中可用，形成下一代恒星。地球和地球上的一切，包括我们自己的身体，都是由原子构成的，这些原子要么是在恒星的中心被铸造出来的，要么是在

一半又一半

放射性物质通过几种形式中的一种失去能量而发生变化。有三种类型的辐射：α 粒子、β 粒子和 γ 射线。α 粒子是氦核：有 2 个质子和 2 个中子，β 粒子是高能电子（或正电子），γ 射线是像波一样作用的光子。当一个原子失去一个粒子时，它的原子序数会改变，所以它变成了一个不同的元素。

卢瑟福注意到，不同的放射性元素以不同的速率衰变。它们的衰变速率是以半衰期的形式来确定的——半衰期是物质样品中一半原子衰变所需要的时间。放射性元素的半衰期从几分之一秒到比宇宙年龄还长的时间。

恒星灾难性的死亡阵痛中被炸裂而形成的。

这并不是说比铁重的元素的每个原子都一定是在超新星中锻造出来的。有些元素是由其他元素的放射性衰变产生的，并随时间而产生。在今天已知的 118 种元素中，92 种是在地球上自然发现的。其他的可能是在粒子加速器中人为产生的，但也可能是在超新星或放射性衰变的极端条件下产生的。

放射性衰变是原子核的解体。贝克勒尔（见第 78 页）在检查铀盐的行为时首次观察到了放射性。铀是一种原始核素，是地球在太阳系开始形成时就存在的一种核。一共有 253 种稳定的核素，它们是非放射性元素的变体——它们不会改变。由于某些元素以不同的同位素（不同的核构型）存在，所以稳定的核素的数量比总元素的数量还要多。此外，还有 33 种不稳定的（放射性的）核素。

目前地球的组成并不能向我们揭示超新星可能产生的所有东西。首先，我们的太阳系只是 I 族恒星及其随行行星的一个例子，我们现

SN 1987A 位于这个巨大星云的外围。

世界怎样运作：宇宙

在看到的是它形成 45.5 亿年后的一张快照。如果我们观察一颗 100 亿年前形成的行星，一些不稳定核素可能已经消失了。如果我们要看一颗几百万年前刚创造出来的行星，我们可能会看到核素很久以前就在地球上衰变，变成了别的东西。

例如，如果铅 -212 是在进入太阳系的超新星中产生的，我们就永远也找不到它。铅 -212 的半衰期只有 10.6 小时。它会衰变成铋 -212，

而铋的半衰期只有 1 小时，衰变成钋 -212 或铊 -208。钋的半衰期不到百万分之一秒，而铊的半衰期只有 3 分钟多一点。两者都会衰变成铅 -208，这是地球上大量铅的稳定同位素。通过观察铅，我们就无法辨别它是在超新星中以铅 -208 的形式产生的，还是衰变链的产物。

其他元素衰变得很慢。碲 -128 的半衰期是 2.2×10^{24} 年，大约是宇宙年龄的 160 万亿倍。它是如此稳定，以至于如果清教徒的先祖们在

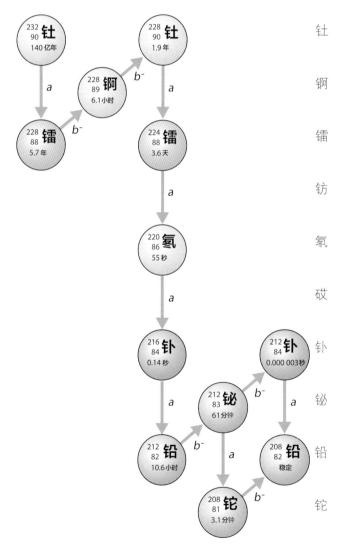

钍 -232 到铅 -208 的衰变链。

1620 年把 1 克碲 -128 带到北美，很有可能连一个原子都不会衰变。

从铅 -212 到铅 -208 的短链是在钍 -232 衰变的末期出现的，钍 -232 是一种半衰期为 140 亿年的原始核素（约为宇宙的年龄）。任何 III 族或 II 族恒星变成超新星所产生的钍 -232 基本上会还在，但相当一部分可能已经是铅 -208 了。在钍之后，衰变链中半衰期最长的环节是镭 -228，它的半衰期为 5.7 年。一旦衰变链开始运转，一个原子可能很快就会到达终点。

这意味着，当我们在地球上（或其他星球上，甚至在另一个太阳系或星系中）检查我们周围的元素时，我们可能会发现它们有许多来源：在恒星的中心，或在超新星爆炸中形成的，或是放射性衰变的结果。放射性衰变也可由宇宙射线对原本处于相对稳定环境的元素的作用而引发。

余下的部分

超新星的爆炸只持续几秒或几分钟。物质被喷射到太空中，以惊人的速度在太空中旅行，这将花费数千年、数百万年甚至数十亿年，直到它被融合到另一颗恒星中。与此同时，它成为星际介质的一部分，但余下了恒星坍缩的核心。

暗星

正如我们所看到的，坍缩恒星中心的压力非常大，物质可以被压缩成中子。在另一种情

在地球上发现的 33 种原始放射性核素中，只有 4 种的半衰期小于或等于宇宙的年龄。其余的有很长的半衰期。

况下，一个更大的初始恒星，它可以被压缩到变成黑洞的程度。有趣的是，早在我们了解超新星的机制之前，"暗星"和黑洞理论就已经形成了。

1784 年，英国牧师约翰·米歇尔（John Michell）首次提出了一种现在被称为黑洞的现象的可能性。米歇尔是一位杰出的科学家，他在几个领域做出了惊人的预测。他走在了潮流的前面，但他的想法当时没有被采纳。约翰·米歇尔在地震学和磁学上取得了进步，是第一个将统计分析应用到天文学上的人，他发现双星和多星系统的出现比随机发生的情况要大得多，并解释了它们的存在是引力相互吸引的结果。

米歇尔对黑洞的研究最初依赖于牛顿的理论，即光是由微小粒子而不是由能量波构成的（今天我们认为光是量子——能量的微小包，具有波和粒子的属性）。米歇尔认为光也应该受到引力的影响，引力会减慢来自质量很大的恒星的光的运动。他据此推断，如果恒星非常大，光粒子的逃逸速度大于光速，所以光就永远不会离开，恒星就无法被看见——这就出现了"暗星"。他计算出，一颗密度相当于太阳的恒星需要有 500 倍于太阳的质量才能捕捉到它的光。米歇尔继续说，尽管我们不能直接探测到暗星，但我们可以从受其引力影响的附近物体的运动推断出它的存在——特别是伴星的运动（见下文引用）。今天，我们可以用这种方法精确地探测到黑洞，而银河系中所有初步确定的恒星黑洞，都是由一颗正常恒星组成的双星系统的一部分。

米歇尔的错误之处在于，他计划通过计算离开恒星的光速来测量恒星的质量。但即使在这一步，他也在向现代方法靠拢。他认为引力会减慢离开恒星的光的速度，并且相信如果他能测量光的速度，他就能计算出恒星的质量。他错了，因为光速是不变的。

和光速一样快，但永远不会更快

在 17 世纪 60 年代，艾萨克·牛顿测量了声速，得到的数值和真实值相比误差不超过 15%。然而，大多数人认为测量光速是不可能的。人们认为它可能是无限的，因为光瞬间到达它的目的地（看上去是这样），或者至少是非常快以至于永远无法测量。

如果自然界真的存在某种物体，其密度不小于太阳，其直径超过太阳直径的 500 倍……或者是否存在其他体积更小的天体，它们不会自然发光……如果任何其他发光的物体碰巧围绕着它们旋转，我们仍然可能从这些旋转的物体的运动推断出中心星体的存在，这是有一定概率的。

——约翰·米歇尔，1783 年

这是艺术家对 NGC 3783 星系中心超大质量黑洞周围区域的想象图。黑洞周围有一圈炽热的尘埃。

不久之后，在 1676 年，丹麦物理学家奥勒·罗默（Ole Romer）成功地测量了光速——但他是出于偶然。罗默计算木星的卫星木卫一月食的时间并将其记录下来，希望推导出一种计算经度的方法（这种方法是由伽利略提出的）。经过多年的观测，罗默认识到，当地球在其围绕太阳的轨道上离木星最远时，日食发生的时间比平均时间晚 11 分钟，当地球在大约 6 个月后离木星最近时，日食发生的时间比平均时间早 11 分钟。他意识到，如果光速是有限的，那么这种差异是可以解释的。光穿过地球绕太阳轨道的直径时花了 22 分钟。为了计算光速，他只需要将轨道直径除以 22 分钟。

荷兰科学家克里斯蒂安·惠更斯（Christiaan Huygens）做了第一次计算，得出光返回地球的速度为每秒 21.1 万千米（13.1 万英里）。这个数字低于实际每秒 29.9 万千米（18.6 万英里）的数字，因为罗默错误地估计了日食之间的时间差异，而且对地球轨道的记录数字也不准确，但很接近，所以很有用。更重要的是，它解决了光速是否有限的问题。

詹姆斯·布拉德利（James Bradley）在 1728 年做了一次更好的测量，他的研究起点从地球绕太阳运动引起的恒星的明显位移出发。他的数字是 301 000 千米每秒（187 000 英里），这与目前公认的每秒 299 792 458 千米（186 282.397 英里）非常接近。光速永远不会改变，标准的米是由光速来定义的：1 米是光在真空中以 299 792 458 分之一秒的速度传播的距离。1905 年，爱因斯坦提出，光速永远是不变的，不随参照系而改变（无论观察者站在哪里，无论被观察的物体是否运动，光速都是不变的）。他说没有什么能比光速更快。

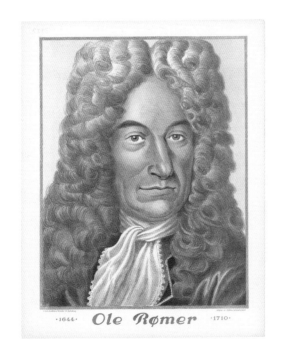

1676 年，奥勒·罗默在巴黎天文台工作时，他测量了光速。但他没能说服天文馆馆长相信光的传播速度是有限的。

6th66

第六章
"自然界的凤凰"

不过，光并不总是以光速传播。它在空气或水中的传播速度比在真空中要慢。2015年的研究也令人惊讶地发现，光的结构会影响它的速度，使它变慢。因此，光速应该被认为是一个上限，而不是一个绝对常数。还有一种推测认为，在过去的任何时候，光速可能不具有相同的值。如果事实果真如此，那么我们对宇宙大小的计算很可能是错误的。

又是黑洞

米歇尔并不是唯一一个提出存在光线无法从恒星逃逸的人。法国科学家皮埃尔-西蒙·拉普拉斯（Pierre-Simon Laplace）在1796年提到了这种可能性，虽然一开始没有提出任何数学计算来支持这个观点："一颗直径为太阳直径的250倍、密度与地球相当的恒星的万有引力是如此之大，以至于光都无法从它的表面逃逸出来。因此，宇宙中最大的物体因为它们的大小，可能是看不见的。"

物质围绕着银河系中心附近的超大质量黑洞旋转的想象图。人们认为这种气体的运动速度是光速的30%。

德国物理学家卡尔·史瓦西（Karl Schwarzschild）。"一战"中于俄罗斯前线服役时，完成了他最伟大的工作。

这个速度与光的速度如此接近，以至于我们似乎有充分的理由得出结论，光本身（包括辐射热和其他辐射，如果有的话）是一种电磁波形式的电磁扰动。

——詹姆斯·克拉克·麦克斯韦，1865年

从理论到事实

拉普拉斯似乎是独立研究的，他不知道米歇尔的研究。当时几乎处于交战状态的英法两国之间几乎没有科学交流，在革命时期的法国工作也不容易。米歇尔的提议几乎是他对双星和三星系统工作的一个旁证。奇怪的是，他和拉普拉斯都意识到，一颗不发光的恒星要么比太阳大得多（因此具有巨大的引力），要么比太阳小得多，但密度大得多。但他们都没有研究第二种选择。不过，今天已知的黑洞就是这种情况：它们物理上很小，但密度大得惊人。一个直径相当于纽约市的黑洞，其质量约为太阳的10倍。

光明与黑暗

在19世纪，牛顿关于光是"微粒"的概念被光是一种能量波的观点所取代。

能量波似乎不太可能受到重力的影响，因此发现黑洞的可能性也就减小了。但是在1899年，马克斯·普朗克解释说，能量被分为微小的包，称为量子。任何电磁源产生的能量都是一个约束值，有下列公式：

能量 = 频率 × 普朗克常数（或 $E = hv$）

1905年，爱因斯坦的狭义相对论很好地利用了这一计算。它很快成为量子力学的基础，并彻底改变了物理学和宇宙学。如果把光当作量子来对待，它就会因引力而偏转。爱丁顿用1919年的日食（见第66页）明确地证明了这一点。

爱因斯坦广义相对论方程式的一个结果是，它证实了米歇尔的想法，即一个密度足

够大的物体可以阻止光的逃逸。就在爱因斯坦1915年发表他的理论的几个月后，德国物理学家和天文学家卡尔·史瓦西提出，黑洞是由一种称为事件视界的边界定义的。在黑洞边界一侧的任何物质，无论是物质还是能量，都无法逃逸。它是一个不可折返的引力点，任何穿过视界的东西都是这样变成了黑洞的一部分，无

法逃脱。事件视界到黑洞中心的距离称为史瓦西半径。事实上，任何有质量的东西都有一个史瓦西半径：地球的史瓦西半径约为9毫米。黑洞的中心点是一个奇点：一个时空曲率无限的点。点（在非旋转黑洞中）或模糊的盘状（在旋转黑洞中）的体积为零，但由于它包含了黑洞的所有质量，所以它的密度是无限的。

无处可去

1926年，亚瑟·爱丁顿就大恒星的密度以及它们的质量被塞进史瓦西半径的可能性发表了评论。他说，爱因斯坦的方程式排除了密度极高的大恒星。他指出，第一，像参宿四这样的大恒星，如果它的密度甚至和太阳一样大，也是看不到的，因为引力会非常大，光将无法从它身上逃出，光线落回恒星，就像石头落地一样。第二，光谱线的红移会非常大，以至于光谱会变化到不复存在。第三，质量会产生如此大的时空曲率，以至于空间会在恒星周围封闭起来，把我们留在外面（即无处可去）。令人失望的是，他的最后一点并不正确。

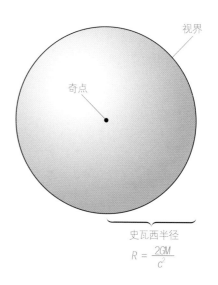

黑洞的史瓦西半径从它的中心（奇点）延伸到它的事件视界。

冰冻的恒星

　　奥本海默（Oppenheimer）和他的同事们假设时间在黑洞的视界处停止。除非观察者掉进了黑洞（在这种情况下，黑洞的科学性是他们最不担心的），时间似乎会在事件视界停止。由于没有光能从黑洞里逃出来，塌缩恒星的表面总是像它穿过史瓦西半径时那样。由于这个原因，黑洞被称为"冰冻恒星"。

　　"加尔各答的黑洞"（Kolkota）是一个在加尔各答威廉堡的小监狱的名称，那里关押着大量的英国和印度囚犯。1756年有3天的时间里面没有新鲜空气，温度过高。大多数囚犯死于窒息、脱水或踩踏（有关数字的报道各不相同）。

大小极限

　　1931年，印度天体物理学家苏布拉马尼扬·钱德拉塞卡（Subrahmanyan Chandrasekhar）发现，在一定质量以上的非旋转白矮星——现在称为钱德拉塞卡极限，是不稳定的，会坍缩。它的质量是太阳质量的1.4倍。事实上，超过钱德拉塞卡极限的白矮星会坍缩成中子星，而中子星是稳定的。罗伯特·奥本海默和其他人在1939年预测了另一个极限，指出如果中子星超过TOV（托尔曼－奥本海默－沃尔科夫）极限，它们将坍缩成黑洞。极限质量的计算范围从最初的0.7倍太阳质量到3倍于太阳质量不等，但2017年对两颗中子星碰撞的观测表明，极限质量是太阳质量的2.17倍。

凝固理论

　　爱因斯坦认为黑洞永远不可能存在，许多科学家同意他的看法。直到20世纪60年代，对黑洞坚信不疑的人才有足够的数学证据来说服更多怀疑黑洞存在的物理学家。特别是，英国物理学家斯蒂芬·霍金和罗杰·彭罗斯（Roger Penrose）指出，在某些情况下，黑洞的存在是不可避免的。

"黑洞"这个名字首次使用是在 20 世纪 60 年代,尽管它的确切起源还不确定。约翰·米歇尔曾提到暗星,但 20 世纪早期的科学家更倾向于更平淡无奇的"引力坍缩物体"。20 世纪 60 年代初,物理学家罗伯特·迪克将这些物体比作"加尔各答的黑洞",据说没人能从这个监狱里逃出来。1963 年,出版物中使用了这个词。

第一个被探测到的黑洞是天鹅座 X-1,距离地球约 6 000 光年。1964 年发射的携带盖革计数器,用来测量辐射的火箭首次发现了天鹅座 X-1 这个辐射源。1971 年用更灵敏的设备进行的进一步调查发现,强烈的无线电发射来自 HDE 226868 方向,这是一种蓝色的超巨星。但这颗恒星本身并不能产生被看到的信号,所以天文学家断定它有一个暗伴星。这种情况可以用一个黑洞在 0.2 个天文单位(地球到太阳距离的五分之一)围绕恒星旋转来解释。这个物体的质量大约是太阳的 15 倍,即使是最大的中子星也无法承受它的质量,所以天文学家认为它很可能是黑洞。黑洞以它从这颗巨大的恒星吸出的物质为食。1974 年,斯蒂芬·霍金与他的同事、天文学家基普·索恩(Kip Thorne)打赌说,它不会是黑洞——1990 年,当更详细的数据使其他解释变得不太可能时,霍金承认自己输了。

在这幅艺术家的概念图中,黑洞"天鹅座 X-1"(右)从它巨大的邻居 HDE 226868 中吸取物质。
当物质加速向黑洞的视界方向移动时,它会在一个旋转的圆盘,也就是吸积盘中积累。

面条化

很多人在考虑如果有人被拉进黑洞会发生什么。1988 年，斯蒂芬·霍金创造了"面条化"这个词。指的是在引力作用下，受害者的身体会被拉成一根细长的弦，这一过程是指受害者的身体首先接近黑洞。很明显，被面条化对你的身体不好，也没什么好处。而 2012 年的一个结果表明，这个人很可能会在事件视界（event horizon）处燃烧。这听起来很平淡无聊，但无论如何，教训都肯定是："不要离黑洞太近"。

逃不掉，但是……

根据爱因斯坦相对论的传统黑洞模型，任何东西都不可能从黑洞中逃脱，这就使得黑洞看不见。但它们经常会出现两股喷流，垂直于向内吸积物质的吸积盘，绕着黑洞旋转，速度越来越快。当物质被拉入黑洞时，它失去的引力势能以粒子的形式释放出来。所以物质不是从黑洞的视界内逃逸，而是在视界处被抛出。物质幸运地及时逃脱了。

大大小小的黑洞

大恒星变成超新星后产生的黑洞被称为恒星黑洞。还有一些超大质量的黑洞，顾名思义，它们要大得多。它们被发现处于星系的中心，甚至可能是所有星系的中心。没有人完全确定它们是如何形成的；它们有可能是由较小的黑

英国宇宙学家斯蒂芬·霍金。

这是艺术家对最著名的遥远类星体 ULAS J1120+0641 的想象图。它是由一个质量是太阳 20 亿倍的黑洞（不可见）提供能量的。这是大爆炸 7.7 亿年后的样子。

洞碰撞和结合而成，也有可能是直接在密度超大的星系云的核心形成。

到目前为止，人类发现的最大的黑洞的质量是太阳的 660 亿倍，位于类星体 618 的中心（类星体是能量活跃的吸积盘，会喷出光），该黑洞的史瓦西半径为 1 300 天文单位。类星体是已知宇宙中最亮的物体之一。类星体甚至可以聚集在一起，形成大型类星体群（LQGs），它们是宇宙中最大的结构之一。2013 年发现的巨型 LQG，其最宽处有 40 亿光年。

最大的恒星黑洞是 M33 X-7，距离银河系约 300 万光年，位于 M33 星系中。它的质量几乎是太阳的 16 倍，它的伴星质量是太阳的 70 倍，这使得这对双星成为已知的最大的黑洞双星系统。1992 年发现的最小恒星黑洞是 GROJ 0422+32。最初的计算结果是其质量是太阳的 3.7 倍到 5 倍，但 2012 年的一项计算结果显示，其质量仅为太阳的 2.1 倍。这比中子星大小的上限（太阳质量的 2.7 倍）要小，所以这就提

出了一个问题：是黑洞，还是其他什么东西。在星系中心的巨大黑洞和超新星产生的恒星黑洞之间，几乎没有证据表明存在其他黑洞。

继续发展

在第一轮恒星被创造出来之后，它们又迅速自我毁灭，宇宙陷入了这样一种模式：物质云凝聚成大小不一的新恒星，聚变氢，直到耗尽它们的供给。衰竭的恒星以猛烈或比较平和的方式结束，释放出核聚变的产物，然后这些产物被吸收进下一代恒星里。

较小的恒星还没有耗尽它们的物质来源，在很长一段时间里，它们将继续待在主序中。这看起来像一个稳定的模式，但是由富含金属的物质形成的恒星和由原始的氢和氦混合形成的恒星是有区别的。一旦有更多的元素可用，这些额外的元素就可以合并成一种新的天体：行星。星族 II 和星族 I 都有足够的资源形成行星。

第七章

创造世界

多么奇妙和令人惊异的图景，我们在这里看到了宇宙的壮丽浩瀚！这么多的太阳，这么多的地球，每一个都有这么多的植物和动物，有这么多的海洋和山脉在装点！

——克里斯蒂安·惠更斯（Christiaan Huygens），

《宇宙理论》（在他死后出版），1698 年

当恒星诞生时，仍然有很多物质在它们周围旋转。从这些碎片中，行星得以形成。我们只知道我们自己的行星系统的细节，但我们可以据此推断出太阳系之外的许多世界。我们可以通过观察遥远的星系以及在我们自己的星系中搜寻证据来了解它们是如何形成的。

太阳系内行星及其轨道。

艺术家对围绕恒星 HD 85512 运行的"超级地球"系外行星的想象图。这颗行星位于恒星宜居带的边缘。

燃烧而明亮

第一批行星形成于大爆炸后的 10 亿年，它们刚一形成，便立即从第一批恒星中回收物质。已知最古老的行星，昵称为玛士撒拉（Methuselah），大约有 130 亿年的历史，所以行星的形成在宇宙的早期就开始了。

尽管我们知道存在围绕其他恒星运行的系外行星，但我们只能从远处看见它们，无法追踪它们的历史。要想从我们的太阳系中进行有效的推断，我们必须确信我们的太阳系是在其他地方可以找到的典型系统。在早期，当宗教观点主导宇宙建模时，地球和太阳是上帝创造的，是用来容纳他最伟大的创造——人类——的地方。一些古希腊人，包括毕达哥拉斯学派，

相信恒星都是其他世界，而我们自己的世界是独一无二的。

到 17 世纪初，认为我们的世界只是众多世界之一的观点开始流行起来。

地球在宇宙中不享有特权的概念被称为哥白尼原理，尽管它与哥白尼没有什么关系。意大利哲学家兼神职人员乔尔丹诺·布鲁诺（Giordano Bruno）是第一个明确（而且危险地）指出我们的特权地位是一种人的幻觉，地球只是许多其他世界中的一个。1600 年，他因异端而被烧死。部分原因是至少从圣奥古斯丁（公元 345—430 年）时期起，这种观点就被命名为异端。仅仅 20 年后，约翰内斯·开普勒发表了一份图表，显示世界上有许多相同的

我们是谁？我们发现自己生活在一个不起眼的星球上，它是一颗平凡的星球，迷失在银河系中，隐藏在宇宙中某个被遗忘的角落,而宇宙中的星系比人类多得多。

——卡尔·萨根（*Carl Sagan*），1980 年

开普勒在他的《哥白尼天文学概论》（1618-1621 年）中，用 M 代表我们的世界，意思是 "mundus"，这张图显示了我们的世界是众多相似恒星中的一个。

恒星。英国天体物理学家迈克尔·罗文－罗宾逊（Michael Rowan-Robinson，生于 1942 年）提出，采用哥白尼原理是现代思想的标志，因为"任何见多识广且有理性的人都无法想象地球在宇宙中占据着独特的位置"。

20 世纪初，荷兰天文学家雅克布·卡普坦（Jacobus Kapteyn）对恒星正常运动的研究表明，它们倾向于朝两个相反的方向之一运动。这是银河系旋转的第一个证据，不过他当时并没有发现，他的观察使他得出结论：银河系直径约 4 万光年，而太阳系靠近中心，仅与银河系相距 2 000 光年。1917 年，哈洛·沙普利揭示了我们实际上并没有靠近银河系的中心，但是位于银河系的一条旋臂上。人们在 20 世纪 20 年代发现，银河系直径有 10 万光年，而我们距离它的中心足足有 4 万光年。

太空垃圾就是资源

正如我们所看到的，恒星形成时是尘埃和气体云在巨大的压力下坍缩；内核的密度最终会变得非常大，引发核聚变。在 125 亿至 130 亿年前，宇宙有足够的资源来制造气体球状天体以外的东西。

世界怎样运作：宇宙

到目前为止，我们集中研究了致密的物质团，这些物质会坍缩形成一颗恒星。但并不是所有与坍缩有关的物质最终都会到中间位置。目前关于剩余物质如何形成行星、卫星、小行星和其他天体的理论被称为太阳星云圆盘模型。1969年，苏联天体物理学家维克托·萨夫罗诺夫（Victor Safronov）概述了这一理论（见第166页），并在随后的几十年里进一步发展。随着中心的坍缩，云层开始搅动。随着它被压缩得越来越厉害，这种搅动运动变成了旋转，大部分云团朝着同一个方向旋转。这个过程继续下去，随着时间的推移，旋转的云变成一个圆盘，就像一块比萨面团一样，不断地翻转，变成一个比萨基座。其结果是一个原行星盘围绕着中央恒星。坍缩的第一阶段大约需要1000万年才能产生一个圆盘和一颗可见的T-金牛座星。这颗恒星继续吸进物质，圆盘持续了大约1000万年（已知最古老的是2500万年）。在圆盘内，行星和其他物体由尘埃形成，并继续围绕中央恒星运行。最终，来自恒星的太阳风暴将圆盘上未被使用的物质吹走，结果是行星和其他围绕恒星运行的物体在空间中整齐排列，而其他空间几乎是空的。

不久之前，天文学家还只能通过观察太阳

尘埃落定

哈勃望远镜拍摄的图像显示，绘架座 β（Beta Pictoris）有几个星子（planetesimal）。在20世纪90年代早期，人们还发现了围绕着猎户座星云（恒星形成的区域）年轻恒星旋转的尘埃盘。哈勃拍摄的御夫座AB星的图像显示了盘上方一个正在发育的天体系统，我们可以看到整个系统在围绕恒星旋转。这是该系统发展的早期阶段，当时这颗恒星只有200万至400万岁。有一些明亮的斑块被认为是在形成行星的过程中，物质集中到一起所导致的。

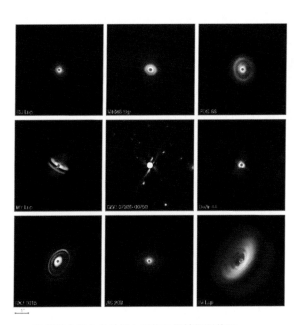

欧洲南方天文台的超大型望远镜拍摄到的图像，显示了被尘埃盘包围的各种形状的年轻恒星。

系当前状态的快照来寻找行星形成的线索。随着 1990 年哈勃太空望远镜的发射，人们有可能看到其他恒星的原行星盘。我们甚至可以检测到太阳系诞生时的原始物质，最近的一次是在 2019 年飞越柯伊伯带的一个物体。

从盘到块

行星的形成需要数百万年。因此，我们将永远无法监测由尘埃和气体形成的行星系。相反，我们必须通过观察行星形成的不同阶段来拼凑这个过程。

原行星盘的半径一般在 1 000 天文单位左右，但垂直方向非常薄。1984 年，利用陆基望远镜，人类第一次发现了原行星盘。它环绕着 63.4 光年之外的绘架座 β 。这颗恒星只有 2 000 万到 2 600 万岁，非常年轻。

在原行星盘内，物质在碰撞时开始是黏合在一起的。随着重力的增加，粒子团的质量也随之增加，所以它们会吸引更多的物质。大的块状物相互碰撞，有时猛烈撞在一起，碎片四散开去，有时碰撞的力道足够轻，黏合在一起形成一个大块状物。在数百万年的时间里，数以百万计的围绕恒星的物质聚集在一起。这些是星子婴儿阶段的行星。

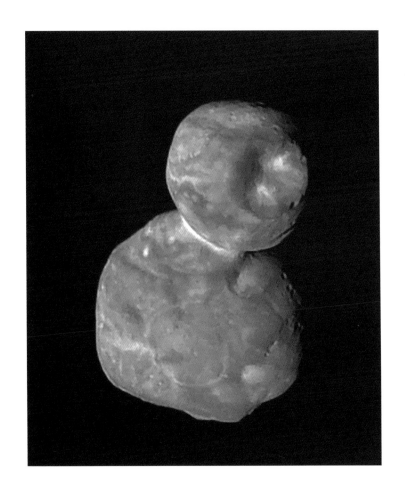

这张照片是在 2019 年由"新视野号"所拍摄小行星"天涯海角"（Ultima Thule），它是柯伊伯带中的一对接触天体。

柯伊伯带中较大的天体直径只有 19 千米（12 英里），较小的天体直径只有 14 千米（9 英里）。它们形成了一个星子，从太阳系形成之初就在时间中冻结了。

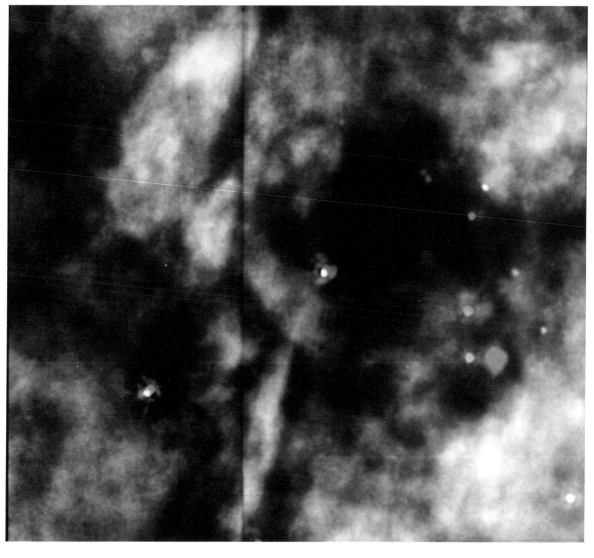

从猎户座星云中一颗年轻恒星喷射出来的物质。

星子的生长是通过吸积散落在其轨道上的物质和扫过其轨道上的任何物质而实现的。它们中的一些会与其他行星结合，或者在碰撞中被粉碎，直到最终形成数量稳定的行星，而且每一颗行星都清除了轨道上的其他物质。500万年前的恒星 HD 141569 在其尘埃盘中有一个缺口，这表明正在形成的行星已经开辟了自己的轨道。这是 1999 年从哈勃图像中发现的。

并不是原行星盘的所有物质最终都会被纳入行星中。在我们的太阳系中还有许多其他天体，如卫星、小行星、矮行星和彗星，没有理由认为在其他类太阳系中情况并非如此。

众所周知，绘架座 β 有彗星和至少一颗行星，这颗行星被命名为绘架座 βb（毫无想象力）。哈勃拍摄的恒星图像显示，第二个盘与第一个盘重叠，距离主盘平面约 4 度。地球

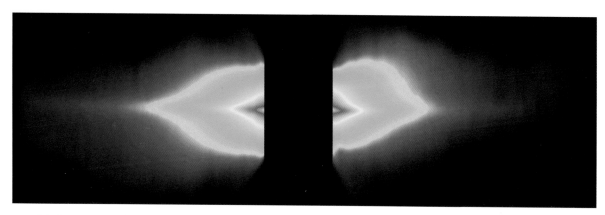

绘架座 β 周围尘埃盘的伪色图像。

的引力似乎把尘埃和气体从主圆盘拉到了它自己的轨道上，形成了第二个圆盘。这些物质可能会被吸积到行星上，或者在行星周围形成一个卫星。

蝌蚪状

如果一颗恒星有足够的空间扩展它的原行星盘而不受干扰，它就可以产生行星。但有些恒星形成时离另一些恒星太近，或者接近同一方向运动的浓缩气体。恒星的原行星盘就会被附近的恒星扭曲，其中一些像蝌蚪，有一个胖胖的末端靠近恒星，而较细的末端像彗星一样慢慢消失。来自附近另一颗恒星的强烈辐射和带电粒子流将圆盘推离自己的恒星。对于盘面以这种方式扭曲的恒星来说，要形成行星是很困难的。即便如此，哈勃还是在一个 100 万年前的"蝌蚪"中发现了砾石大小的团块。如果行星能够如此迅速地形成，在圆盘上的物质被其好斗的邻居吹到太空之前就可能形成。

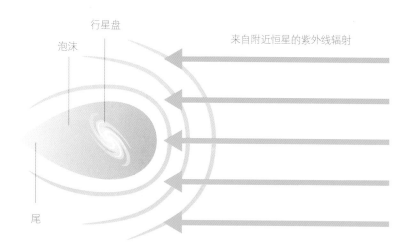

来自附近恒星的强烈辐射和恒星风使新恒星周围的原行星盘变形。

行星特写

我们已经看到的，目前的理论认为太阳系是由原行星盘的物质形成的，这并不是唯一的假设。

把太阳放在中心

直到16世纪末，整个中东和西方，主要的太阳系模型都是由古希腊人提出的，后来在公元2世纪被托勒密改良和普及。当时的模型是地心说，即把静止的地球放在宇宙的中心，月亮、太阳、其他行星和"恒星"围绕着地球运转。每个天体都被固定在旋转的水晶球上，带着行星、月亮或太阳就像乘客一样旋转，而这些固定的恒星被认为是在一个整体旋转的外部球体上。

地心说模型没有考虑到天体如何形成，只

一个不敬的想法

尽管地心说已经统治了近2 000年，一位名叫阿里斯塔克斯（Aristarchus）的古希腊哲学家（前310－前230年）曾提出地球绕自己的轴旋转，并围绕太阳运行。这被认为是一个不敬的想法。亚里士多德指出，如果阿里斯塔克斯是正确的，宇宙必定是非常大的，因为在恒星的位置上没有明显的视差。对亚里士多德来说，这是一个拒绝阿里斯塔克斯观点的很好的理由。对于其他人来说，亚里士多德的反对是拒绝日心说（太阳为中心）的好理由。

对于基督教来说，地球是太阳系（甚至是宇宙）中心的说法与上帝创造地球作为人类家园的信仰非常吻合。这也与我们抬头看到的情况一致：物体似乎是围绕地球在移动着，它们看起来比地球小得多，所以即使在最简单的层面上，这个模型也很有说服力。然而，对教会来说，这种说法成了一种信仰，日心说最终被宣布为异端。

以地球为中心的地心说宇宙。

假设是神把它们放在那里的。1542 年，波兰天文学家尼古拉·哥白尼（Nicolaus Copernicus）对地心说提出了第一个严峻挑战。他认为太阳位于太阳系的中心，而地球和其他行星围绕太阳运行。与地心说模型一样，月球仍然围绕地球运行。

地心说模型的一个问题是，如果我们仔细地观察行星并绘制它们的运动轨迹，它们似乎周期性地向后循环运动，然后再次向前运动。这叫作逆行运动。天文学家和数学家在轨道内构造了称为本轮（epicycle）的圆，以便使他们的模型与观测结果相匹配。哥白尼发现了明显的逆行运动是地球绕太阳运行的结果。如果我们能从太阳表面观测到行星的运动，它们就会以正常的方式运行。

1514 年，哥白尼首次以手写形式发表了他的观点，但直到 1543 年他去世前 2 个月才发表。表面上，他将其著作《天体运行论》（De Revolutionibus Orbium Coelestium）献给了教皇保罗三世。在没有得到哥白尼的许可，也可能

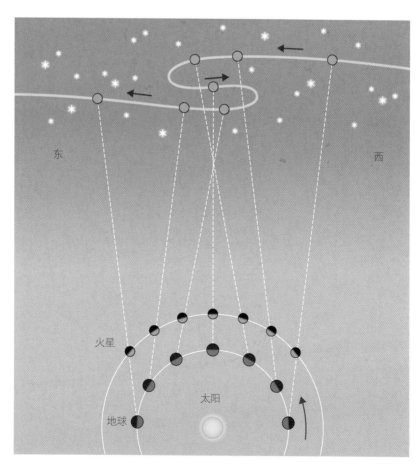

行星明显的逆行运动是由于地球和其他行星轨道速度不同的结果。

是在他不知情的情况下，书中添加了一篇序言，表示书中的模型是思考行星运动的一种方便方式，一种便于天文学计算的方式，而不是对天体状态的文字描述。这保护了这本书，使其不至于立即受到谴责，不过这本书最终在 1616 年被禁。

从圆到椭圆

哥白尼的模型仍然不能完全准确地绘制行星的运动。他继续断言，天体以完美的圆形运动（这是亚里士多德所坚持的，他认为圆形是完美的形状）。1609 年，一切终于尘埃落定。

约翰内斯·开普勒公布了他从研究行星运动中得出的定律。这些结论主要基于第谷·布拉赫的观察结果，他对火星的运动做了截至当前为止最详细、最精确的记录。他的数据让开普勒意识到行星围绕太阳运行的轨道是椭圆形的，而不是圆形的。

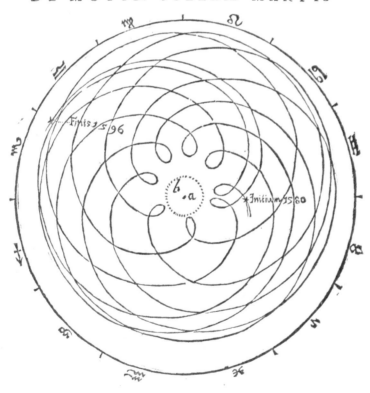

第谷·布拉赫于 1580 年至 1596 年绘制的火星运动图，由约翰内斯·开普勒于 1609 年在《新天文学》上发布。

约翰内斯·开普勒（1571—1630 年）

　　约翰内斯·开普勒出生于今德国西南部，在当时是相对贫困的斯瓦比亚（Swabia）地区。他小时候身体羸弱，但还是活了下来，后来就读于图宾根大学，在那里他通过学习成为路德会牧师。然而，这不是他的命运。他师从伟大的天文学家和数学家迈克尔·马斯特林（Michael Mästlin，1550—1631 年）。迈克尔正式教授了他托勒密的宇宙模型，还向他介绍了哥白尼的地球围绕太阳运转的基本理论。

　　从 1594 年起，开普勒被聘为数学家和历法编纂者（这在当时是天文学的重要应用方式）。1596 年，他冒险写下了他的第一部为哥白尼式宇宙理论辩护的作品。路德教和天主教都不赞成这种模型，不过他的作品还没有被定为异端。尽管如此，开普勒和他的妻子还是发明了一种密码，用来互相交流，这样他们危险的想法就不会轻易被公开。

　　马斯特林认为，如果开普勒有更好的数据可供利用，他可以改进他在《宇宙的奥秘》（Mysterium cosmographicum）中提出的相当深奥的宇宙模型。马斯特林把开普勒的成果发给了当时最著名的天文学家第谷·布拉赫。1600 年，开普勒和布拉赫一起去布拉格工作。他被分配了解开火星复杂运动的任务，开普勒乐观地预计将在 8 天内将此完成。

　　次年，第谷去世，开普勒继承了他作为皇家数学家的工作，以及他的数据（这一事件对开普勒来说太合适了，后来有人怀疑他给第谷下了毒，1901 年和 2010 年，第谷的尸体分别被挖掘出来两次。第一次，第谷尸体上的水银痕迹似乎指向开普勒犯下的罪状，但后来的检查发现，水银的含量太低，不可能导致中毒）。经过 8 年的研究，开普勒意识到，如果行星的轨道是椭圆形的，并且考虑到地球自身的运动，火星明显的逆行路径就可以解释。1609 年，他发表了他的突破性发现。

　　1621 年，开普勒在《哥白尼天文学概要》（Epitome Astronomiae Copernicanae）上发表了关于太阳系力学的最完整的论述。他继续完成了布拉赫一直想制作的鲁道夫星历表（Rudolphine Tables）。这些星历表提供了一种计算行星在未来任何时刻的位置的方法。开普勒于 1630 年在旅行中去世。

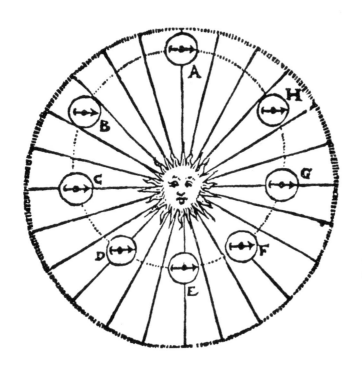

开普勒设想了一种存在于太阳和行星之间的磁引力，这种引力调节它们的轨道。

伽利略实际上发明了实验方法，他理解了为什么只有太阳才能作为世界的中心，也就是说，将其作为行星系来理解。当时的神学家的错误之处在于，当他们坚持认为地球是宇宙中心的时候，他们认为我们对物质世界结构的理解，在某种程度上，是由《圣经》的字面含义所强加的。

——教皇约翰·保罗二世（Pope John Paul II），1992 年

开普勒的著作首先提出了行星运动的两条定律：

1.所有的行星在椭圆轨道上围绕太阳运行，太阳位于椭圆的一个焦点上。

2.在一段固定的时间内，一条连接行星和太阳的假想线会勾画出同样的区域。因此，行星离太阳越近，运行速度越快。

开普勒的模型更准确地预测了行星的运动。它与哥白尼模型有三个重要的不同之处：轨道是椭圆形的，而不是圆形的；太阳并不是轨道的中心；行星的速度不是恒定的。

观测其他世界

1608 年，在荷兰，就在开普勒的书出版之前，望远镜被发明出来，这永远地改变了天文学。望远镜的发明者身份不明，但通常被认为是荷兰镜片制造商汉斯·利波希（Hans Lippershey），他申请了两种镜片的专利，可以将远处的物体放大 3 倍。不管利波希是否真的发明了望远镜，科学天才伽利略·伽利雷在

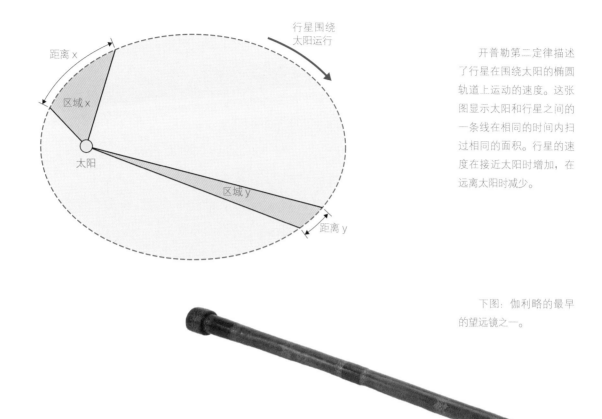

行星围绕
太阳运行

距离 x

区域 x

太阳

区域 y

距离 y

开普勒第二定律描述了行星在围绕太阳的椭圆轨道上运动的速度。这张图显示太阳和行星之间的一条线在相同的时间内扫过相同的面积。行星的速度在接近太阳时增加，在远离太阳时减少。

下图：伽利略的最早的望远镜之一。

1609 年听说了望远镜，并在几天内做出了自己的改进版本。

最重要的是，伽利略有了将更强大的望远镜对准天空的想法。这一发明所产生的影响是无法估量甚至无法想象的。通过它，伽利略可以观察月球，并看到月球有自己独特的风景；他观察这些行星，发现它们和地球是不同的，不仅仅是像恒星一样的光点；他甚至看到了木星周围的卫星。

伽利略看得越多，想得越多，他就越确信哥白尼/开普勒的天体模型是正确的。他认识到，行星也许就像我们自己的地球一样，围绕太阳运动。教会容忍了哥白尼的模型，虽然这一模型没有被奉为真理，但当伽利略写了一封信说地球确实绕着太阳转，而且最具争议性的是，

不应该从字面上理解《圣经》时，教会失去了耐心。他写于 1613 年的信，于 1615 年转交给宗教裁判所。1616 年，教会禁止讲授哥白尼模型，收回哥白尼的书，并指示伽利略停止宣扬他的信仰。

然而，在 1632 年，伽利略发表了《关于托勒密和哥白尼两大世界体系的对话》，推广了哥白尼模型。尽管他声称这个模型只是一种假设，他还是在 1633 年被判犯有异端罪。为了避免被处决，他放弃了自己"发誓放弃、诅咒和憎恶"的发现，并在软禁中度过了人生的最后 9 年。他的书最终在 1757 年从禁书名录中被删除，但教会直到 1992 年才公开承认伽

利略是被冤枉的。

思考起源

1632 年，法国哲学家勒内·笛卡儿（René Descartes）关于太阳系的理论成形。那种认为宇宙是通过某种物理手段创造出来的、可以被科学研究的观点会被认为是异端邪说，笛卡儿明智地把他的想法藏在了自己的内心中。虽然他写这本书的时间是 1632 年或 1633 年，但直到 1664 年，也就是他死后 14 年才出版。

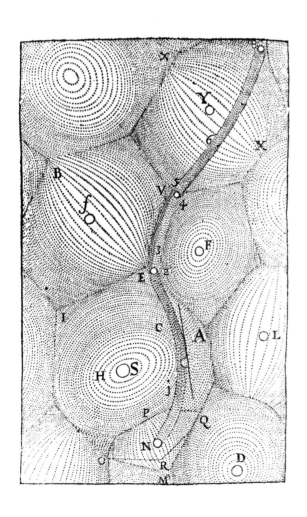

旋转问题

笛卡儿提出宇宙（不仅仅是太阳系）充满了粒子的旋涡。由于他不相信真空的存在，他推断旋涡相互挤压，里面充满物质。很明显，如果物质在运动而且没有移动入空旷的太空，唯一可能的运动就是圆周运动。在笛卡儿的理论中，这一运动是由上帝发起的。

在每个旋涡中，物质形成了固定的带。在我们的旋涡太阳系中，太阳处于中心。每颗行星都在一个带内静止不动，但带本身绕着旋涡中心旋转，每个带的速度都不一样。这意味着地球相对于它的带来说是静止的，而带则携带着地球（就像人在移动的火车上是静止的）。这个模型使笛卡儿可以宣称自己在观察教会的"命令"，即地球不会移动，同时也使用了哥白尼的地球围绕太阳旋转的模型——他于是就此能坚持自己的设想，还能大胆地表达出来。

> 确切地说，地球没有被移动，行星也没有移动；但它们被天空带动。
>
> ——勒内·笛卡儿，1644 年

在笛卡儿的旋涡系统中，物质在球状云中运动，彼此紧密地挤在一起。

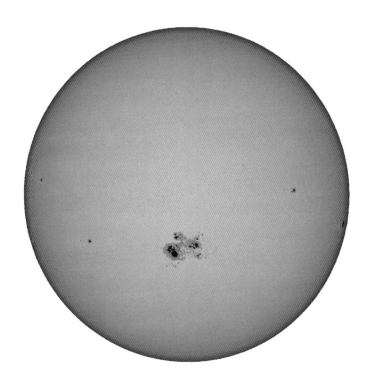

笛卡儿认为太阳黑子是太阳系旋涡中物质错位聚集的结果。

在带内,笛卡儿把物质分为三类。大的物体,如行星和彗星,他称为第三类物质,原子大小的球状体是第二类物质,而"无限小的"碎片组成了第一类物质。利用这三个范畴,他试图解释所有的物理性质和运动。当行星或彗星逃离旋涡中心的能量(它的离心力)被较小等级物质的离心力平衡时,行星或彗星就会在带中静止。如果它的离心力大于带内物质的离心力,它就会继续向外运动,直到遇到能达到平衡的带为止。笛卡儿用同样的方法解释了重力。

行星和洋葱

在笛卡儿的设想中,物质也能离开它原来的旋涡。他认为,这可以解释行星的形成。他认为,在每个旋涡中,物质趋向于从两极流向

赤道。正常情况下,主要物质从中心(太阳)移出,在两极和旋涡周围垂直移动,在赤道重新进入。在赤道——旋涡最宽的地方,相邻的旋涡互相推挤。按照惯例,双方都不会进入对方的区域。

但在笛卡儿的模型中就不对了。中心恒星是由一类物质组成的,但是如果在其表面堆积了过多的二类或三类物质,它就会阻止一类物质流回赤道。在我们的太阳系中,笛卡儿认为我们把这种形成看作太阳黑子。物质继续从两极流出,现在也在赤道出现,清空了核心,破坏了保持系统平衡的外部压力。因此,相邻的涡旋不再被束缚,而受损的涡旋在外部压力下崩溃。位于中心的一团耗尽的恒星团块被太阳黑子包裹,变成了一颗行星或彗星,被卷入了

占据其空间的旋涡带中。

笛卡儿关于物质坍缩形成天体的理论尤其具有先见之明，但他在力学和推理上都错了。这个模型失败了，因为无论是笛卡儿还是他的追随者都无法用数学来支持它。

从星云开始

1734 年，伊曼纽尔·斯威登堡（Emanuel Swedenborg）提出了一个理论，这个理论接近于我们关于星云凝聚系统的观点（星云假说）。斯威登堡断言存在一个"第一自然点"，即物理世界和非物理世界之间的接触时刻。这第一个自然点并不完全是物质的，但物质宇宙由此而来。

在斯威登堡的太阳系模型中，太阳是运动中的物质，是旋涡的中心。它是由最精炼的元素"第一元素"组成的，并被"第二元素"的物质所包围，这些物质围绕太阳旋转。通过压缩，第二元素粒子变得粗糙，并在其周围形成一种壳。在离心力的作用下，它会慢慢远离太阳，变成一个"带"或"宽圆"。最终，它被拉扯得支离破碎。其中，更大的形成行星；较小的落向太阳，变成"绕着太阳游荡的飘忽不定的物体，就像我们习惯所说的太阳黑子"。一些行星物质完全离开太阳系，成为新的恒星。重要的是，斯威登堡相信这种机制不仅与太阳系有关，也与其他恒星和行星系有关："在每个世界系统中，原理都是相同的"。

路易斯·菲格尔（Louis Figuier）的《大洪水前的世界》（1897 年）中的插图，展示了宇宙中由一个气态星云形成的原始地球。

神和混乱

在 1755 年匿名出版的《自然通史与天体的理论》（*General History of the Earth and the Theory of the Heavens*）中，伊曼努尔·康德发展出了一个更容易辨认的星云理论。今天，康德更为人所知的身份是哲学家，而不是物理学家，但在 18 世纪，科学家还被称为"自然哲学家"时，他们在知识领域之间并没有什么区别。康德借鉴了牛顿的万有引力理论和其他科学家的研究成果，试图用一个连贯的科学模型来解释宇宙的形成。

康德并没有放弃上帝作为创造者的地位，而是在设计宇宙创造和运行所依据的物理法则时赋予神一个非常必要的角色。他继续指出，最初存在一种混沌状态，最终形成恒星、行星和其他天体的所有物质都分布在云中，互相之间没有连接，也没有成形。较轻的物质立即开始向较重的物质移动，遵循了牛顿在引力方面的研究结果。随着时间的推移，这一过程创造了我们的太阳（或另一颗类似的恒星），留下了一片它曾经占据的空白区域。其他较重物质的堆积最初被中心体吸引，然后又被中心体排斥。它们也会吸引周围空间的较轻物质，这一过程导致了行星的形成。行星围绕恒星运行，它们轨道的大小由原始引力决定。再一次，它们的轨道上没有其他物质，因为行星把它们吸进了自己的轨道。其结果是一组行星在稳定的轨道中穿过一颗大而密的恒星周围的空旷空间。卫星在行星周围形成的方式大致相同。康德还提出，除了土星（当时还不为人所知），还有几个行星，这就解释了已知行星轨道偏心率增

德国科学家兼哲学家伊曼努尔·康德。

加的原因，因为它们离太阳更远。

在寒冷的太空中

在 1796 年，拉普拉斯描述了一个星云的场景，在这个星云中，太阳最初有一个大而弥散的大气层，遍布整个太阳系。随着冷却，它收缩，最终抛出物质，形成行星。

拉普拉斯的模型很受欢迎，但也存在一些固有的问题，其中之一就是太阳和行星之间角动量的分布与他的预测不符。19 世纪后期，詹姆斯·克拉克·麦克斯韦指出，环内和环外运动的物质速度不同无法让物质像拉普拉斯认为的那样凝结。到 20 世纪初，拉普拉斯的理论已经失宠，但也没有令人信服的替代理论。

彗星也参与其中

1745 年，法国科学家布丰伯爵乔治·勒克莱尔（Georges Leclerc）提出了一种截然不同的行星形成方式。他认为是彗星撞向了太阳，撞击的力量使碎片破碎，抛向太空。当它们被抛出的力被太阳的万有引力平衡后，它们就坠入轨道，成为行星。勒克莱尔并不太关心其他行星系统的可能性，所以不需要考虑每一颗恒星都有可能被一颗彗星以足够的力量撞击，从而脱离行星物质。他也不太担心彗星的来源。

在拉普拉斯星云模型中形成的原太阳系的想象图。旋转的气体云凝固成行星。

被冷落

1969 年，苏联科学家维克托·萨夫罗诺夫为现代星云理论奠定了基础。虽然太空旅行已经开始，但它还没有产生关于太阳系成分的很多信息。由于缺乏可靠的信息，萨夫罗诺夫的工作基本上是理论性的。在冷战期间，苏联科学家的观点独立于西方宇宙学家，然后走了一个截然不同的、显然是正确的转弯。萨夫罗诺夫首先假设最终形成行星的物质是由围绕太阳旋转的圆盘状云团中的尘埃、气体和冰粒组成的。他意识到轨道是椭圆形的，并计算出了粒子在轨道交叉时碰撞的速度。他发现，那些相对速度较高的粒子会被扰乱，而那些相对速度较慢的粒子会黏合在一起，形成一个更大的团块。随着时间的推移，这个团块会有足够的质量来吸引更多的粒子，它会变得更大。

随着数百万年过去，这个圆盘将变成星子的集合，这些星子在太空中的轨道运行，轨道上大部分更小的粒子已经被清除。萨夫罗诺夫意识到粒子碰撞的本质意味着行星（至少在最初）具有相似的轴向倾斜。这一理论被接受了一段时间，不过现在已经成为被普遍当成太阳星云盘模型（SNDM）的基础，并被早期粒子相互作用的复杂计算机模型和演化中的行星和原行星盘的哈勃图像所强化。

京都模型

所谓的"京都模型"是由林中四郎（Chushiro Hayashi）在20世纪70年代提出的，这个模型建立在萨夫罗诺夫的解释之上，强调了圆盘中气体的重要性。它的作用是产生阻力，减缓固体尘埃颗粒的速度，使气态行星的形成成为可能，这个过程单独用萨夫罗诺夫模型不能很好地解释。

我们太阳系的形成是通过共同组成它的行星、小行星和其他天体来揭示的。在过去的半个世纪里，太空探测器已经传回了太阳系其他地方物质的详细信息（甚至带回了样品）。

行星是以气体巨星、冰巨星或岩石的形式形成的，这取决于它们与恒星的距离。天文学家定义的雪线（snowline）或霜线（frostline），

由气体和尘埃组成的圆盘形成行星的顺序。当行星在大约1000万年的时间里形成时，圆盘上就会出现空隙，并清除其轨道上的碎片。更多的物质被太阳风和辐射卷起，吹向太空。大约10亿年后，行星系统周围只剩下薄薄的碎片盘。

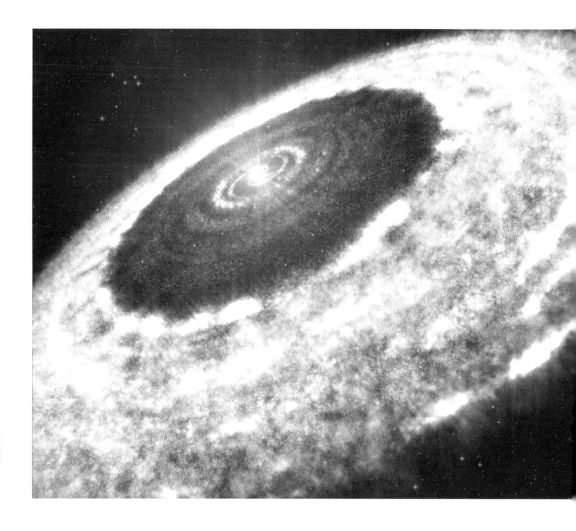

艺术家对距离太阳系1 350光年的猎户座V 883附近的"太空雪"的想象图。

是指原行星盘上的一个点，水在那里结冰并以冰的形式循环，而不是以气体的形式。在这条线之外，可以形成气态巨行星。在离恒星更近的地方，唯一的固体颗粒是尘埃（通常是铁和其他先前被摧毁的天体系统的碎片），这导致在离恒星更近的地方形成密度更大的行星。

2016年，位于智利安第斯山脉的阿塔卡玛毫米/亚毫米波阵列望远镜（ALMA）拍摄了第一张在猎户座年轻恒星猎户座V 883周围清晰雪线的照片。通常我们认为雪线应该位于距离恒星3个天文单位（4.5亿千米，即2.8亿英里）左右，但随着猎户座V 883亮度的增加，雪线

又回到了40个天文单位（60亿千米或37亿英里）左右。这使得它变得可见。我们太阳系的雪线位于火星和木星的轨道之间。

起源于地球之外

到京都模型开始流行的时候，天文学又发生了变化。现在，天文学家不再只考虑我们自己的太阳系，而是开始发现太阳系以外存在其他世界的证据。

一个异端的想法

其他世界的概念最早是在2 500年前的希

> 他假设了许多世界、许多太阳，必然包含着与这个世界相似的物质和物种，甚至包括人类。
>
> ——来自 1600 年因为异端罪而被处决的乔尔丹诺·布鲁诺的审判词

腊提出的。古希腊人把行星分为区别于恒星的光点，因为行星移动而不闪烁。哲学家伊壁鸠鲁（Epicurus，约前 341—前 270 年）写道："世界上有无数个世界，有的像这个世界，有的不像……因为原子的数量是无限的。一个世界可能由此产生，一个世界可能由此形成，并不是所有的世界都在一个世界或有限数量的世界中展开，无论是像还是不像这个世界。因此，将不会有任何东西阻碍无限的世界"。

伊壁鸠鲁对原子数量无限的信仰的自然推理是一定有更多的世界来容纳它们，而这个世界显然不能。伊壁鸠鲁并不是唯一持这种观点的人。早在公元前 5 世纪，原子学家德谟克利

多产的希腊哲学家伊壁鸠鲁就各种主题写了大约 300 篇论文。

特（Democritus）就考虑过存在其他世界的可能性："有些世界没有太阳和月亮，有些世界比我们的世界更大，而有些世界则有更多的东西。有些地方的世界更多，有些地方的世界更少……有些地方的世界在崛起，有些地方的世界在衰落。有些世界缺乏生物、植物或水分。"尽管如此，亚里士多德的观点仍然盛行："世界不可能多于一个。"

1686 年，法国作家伯纳德·勒·波维耶·德·丰特奈尔（Bernard le Bovier de Fontenelle）出版了《论世界的多样性》（*Conversations on the Plurality of Worlds*）一书，向大众解释了哥白尼的太阳系模型，他提出了地外生命的概念，并认为那些固定的星体是和太阳一样的恒星，每一个恒星都照亮了一个世界。1698 年，克里斯蒂安·惠更斯的《宇宙理论》（*Cosmotheoros*）在他死后出版。这表明，假设其他行星上有各种各样的生命比根本没有生命更合理，而且由于其他恒星都是太阳，所以它们也应该有有人居住的行星。惠更斯做出了逻辑完美（也准确）的假设，即我们无法看到其他恒星周围行星的原因是它们离我们太远了。

到了 20 世纪，认为其他恒星可能有行星的观点成为主流。在 1924 年，哈勃表示："科

学界长期以来一直认为恒星就是太阳（反之亦然），而且太阳有行星，那么其他恒星很可能也有行星。"

系外行星出现

惠更斯似乎在 17 世纪就曾寻找过系外行星，但没有成功。第一次专门的搜索集中在 20 世纪中期对巴纳德星的搜索。荷兰天文学家彼得·范德坎普（Peter van de Kamp）花了多年时间研究巴纳德星的照片，发现他计算得出的巴纳德星的摆动可以用一颗质量是木星 1.6 倍的行星的存在来解释。1982 年，他将自己的说法更新为存在分别为木星质量的 0.7 倍和木星质量的 0.5 倍的两颗行星。后来，天文学家没能重现他的发现，似乎这些发现是无效的，但其他系外行星很快就从黑暗中出现了。自 1995 年发现第一颗系外行星以来，天文学家已经在银河系中发现了大约 4 000 颗围绕其他恒星运行的行星。

克里斯蒂安·惠更斯是有史以来最伟大的科学家之一。他在天文学、物理学、力学和数学方面都取得了进步，还发明了摆钟。

那么，为什么不是每颗恒星或太阳都像我们的太阳一样有这么多随行的行星及其卫星来围绕它们呢？不，它们为什么会这样是有明显的理由的。它们（行星）必须有它们的植物和动物，不仅如此，还必须也有理性动物，必须有那些同我们一样对天界无比崇拜而且勤勉的观察者。

——克里斯蒂安·惠更斯，1698 年（《宇宙理论》，死后出版）

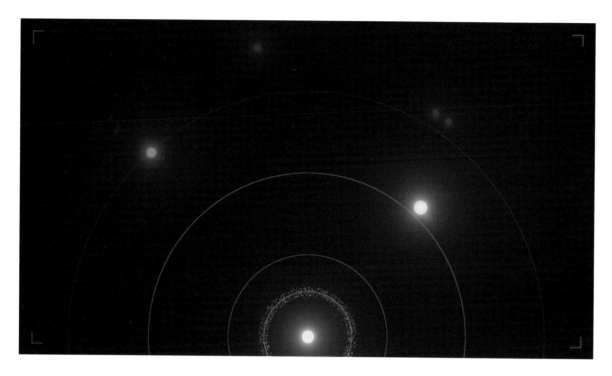

巴纳德星（左边的红色球体）是离太阳第二近的恒星；离太阳最近的是半人马座阿尔法星（右边的黄色和红色球体），它是一个三恒星系。

系外行星一直都在

　　虽然彼得·范德坎普在巴纳德星周围"发现"了一颗超级木星或两颗较小的行星是错误的，但天文学家认为巴纳德星可能还是有行星的。巴纳德星是我们的近邻之一，距离太阳只有6光年。它是一颗白矮星，比太阳小得多，质量只有太阳的十分之一。这颗行星如果存在，围绕着恒星在雪线附近运行，正好在可居住带之外（见168页）。它的一年是地球上的233天，它的表面温度可能低至 -150℃（-238℉）。它的质量至少是地球的3倍，甚至还要更多。2019年，天文学家宣布，这颗行星可能存在液态次表层海洋，因此尽管这颗行星表面是冰冻的，但可能存在生命。

太阳系的通用模型

过去半个世纪的研究已经产生了一个行星形成的模型，该模型应该与其他恒星系统相关：

· 在恒星形成的 100 万年之内，它会有一个原行星盘，由尘埃和气体粒子组成。

· 重力会使尘埃聚集在一起，在 1 000 年左右的时间里形成直径约 1 厘米（0.39 英寸）的团块。

· 只要粒子的密度足够高，吸积就会进入一个失控的阶段。在这个阶段，团块相互碰撞，要么结合，要么分散，会被其他正在生长的团块吸收。

· 当团块的数量减少时，生长就会减慢，并且会有一个"寡头增长（oligarchic accretion）"阶段，在这个阶段较大的行星胚胎会吸收较小的胚胎。

· 在 1 000 万年之内，原行星盘会被耗尽（由恒星或正在形成的行星吸积，或蒸发或被驱逐到太空中）。它曾经填充过的区域被环绕在太空中的物质团占据。

· 在行星系统的内部区域，许多大型行星胚胎将结合形成地球大小的行星。

· 在更远的地方，行星围绕着冰形成并聚集气体。它们可以变得比那些离恒星更近的恒星大得多。

人们已经了解了该系统的一大部分，但物质团如何从 1 厘米增长到 1 千米仍不能确定。这个问题的答案可能也解释了为什么一些恒星从来都没有形成行星（如果确实是这样的话）。

雪线将决定一颗行星是岩石行星（类地行星）还是气体/冰行星。气体行星可以增长到类地行星的 10 倍大小。

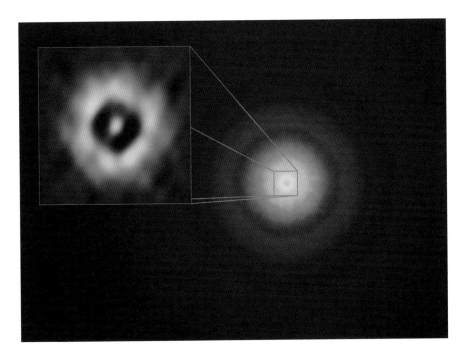

围绕着年轻的类太阳恒星长蛇座 T 的行星形成盘。这张插图放大了最接近恒星的行星间隙，它与地球到太阳的距离大致相同。其他的空隙显示了行星在更远的地方形成。

巨大的气体球

太阳系中的气体和冰质巨行星占绕太阳运行物质质量的近 99%。形成气态行星胚胎的冰比形成岩态行星的重金属和矿物质要丰富得多，这意味着太阳系可以制造出比岩态行星更多、更大的气态行星。

增长带来更大的增长。一旦行星胚胎达到一定的大小，它就有足够的质量来捕获氢和氦元素，这些元素太轻了，小行星无法抓住。这些气体在行星胚胎的周围形成了一个包膜，当包膜的质量与核心的质量相等时，包膜的增长速度会越来越快。木星的质量可能在 10 万年内增长到地球的 150 倍。土星要比木星小得多——可能是因为它形成的时间晚了几百万年，而木星已经用光了大部分制造行星的物质。

巴纳德星系，在 160 万光年之外，有很多恒星形成的区域。

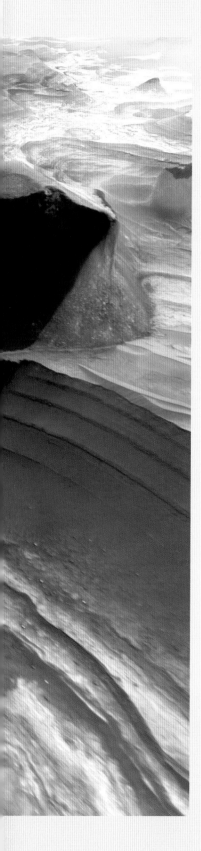

第八章

回家

我们说，所有的恒星，所有的世界之间确实存在相似之处，而且我们自己的世界和其他同类世界的组织形成方式也是相似的。

——乔尔丹诺·布鲁诺（Giordano Bruno），

《论无限、宇宙和诸世界》

（第四对话）

行星有各种形状和大小，从比地球小的岩石星体，到气态和冰态的巨行星，再到围绕其他恒星的潜在的"超级地球"和"超级木星"。我们只是刚刚开始发现它们潜在的多样性，了解了这些行星可能是如何形成的。

根据火星轨道器收集的数据制作的飞越火星表面的三维想象图。

这是一张由电脑生成的金星表面萨巴斯火山周围陆地的图片。火山直径400千米（248英里），凝固的熔岩流围绕着它。

行星在生长

46 亿年前，当我们的恒星由气体和尘埃坍缩形成时，99.9% 的物质落到了星云的中心，形成了太阳。最后的 0.1% 形成了原行星盘，形成了现在环绕太阳运行的所有行星、卫星、小行星和彗星。

我们的太阳系有一个岩石行星带（水星、金星、地球和火星），然后是一个气体和冰行星带（木星、土星、天王星和海王星）。介于两者之间的是小行星带，它们通常被认为是行星形成和碰撞后留下的碎片。这些岩石行星都有一个富含铁的金属内核。有两种主要的理论来解释行星的形成：核心吸积模型和盘不稳定模型。

核心吸积模型

引力使最重的物质保持在离恒星最近的地方，因此岩石行星在离太阳系中心最近的地方形成。最重的物质——重金属，被吸引到每一个正在膨胀的行星的中间。硅酸盐岩石聚集在富含金属的内核周围，首先形成了厚厚的一层黏稠的半熔融岩石。最终，表面硬化成地球的固体地壳。

当岩态行星仍处于熔融状态时，任何新到达的较重的物质都有可能被重力拖向中心并添加到核心中。一旦行星达到一定的质量，它增加的引力使它能够获得并抓住较轻的物质。它可以在其周围形成一层气体——大气层。

来自火星的岩石

虽然有些探测任务已经在原地收集和检查了岩石，但我们还没有直接从另一颗岩质行星上收集岩石样本并将它们送回地球。不过我们确实有大量的火星岩石样本——作为陨石到达地球。这些玄武岩块因小行星撞击火星表面而被炸出，并被抛入太空。通常情况下，在轨道上运行了几百万年后，它们会被地球引力吸引，坠落到地面，我们可以收集它们，了解另一颗岩石行星的组成。这些流星的来源已被确定，这是通过将它们内部的微小气泡的组成与火星大气进行比较的，结果海盗号火星探测器在 1976 年做了这样的测试。

一块有 20 亿年的历史、来自火星的陨石。

水星是 4 颗行星中质量最小的，它的大气层非常少。水星离太阳如此之近，任何大气层都很容易被太阳风刮走。金星和地球都有大量的大气，但金星的大气主要由二氧化碳组成，比地球的密度和温度要高得多。

盘不稳定性模型

核心吸积模型不能很好地解释气体和冰巨星的形成。形成一个大核的过程需要数百万年的时间，在这段时间里，要形成巨大的大气层所需的气体已经被赶出太阳系。盘不稳定模型认为气体云和尘埃在原行星盘中聚集在一起。当这些团块冷却并收缩时，较重的物质聚集在一起并被引力吸引到中心形成核。随着团块质量的增长，它可以吸引越来越多的物质，其中大部分是气体。其结果是一个坚固的核，有点像原始岩石行星，周围有一个巨大的气体茧。

没有理由认为形成行星的方法只有一种。在其他恒星周围发现的各种各样的行星（见 150 页）表明行星可以以几种不同的方式形成。

气体和冰巨星

太阳系的气态巨行星密度比地球小，但质量却大得多：木星是地球质量的 300 倍，土星是地球质量的 95 倍。它们有一个很小的固态核心，周围环绕着不同状态的气体（主要是氢气和氦气），这些气体的密度不同。靠近地核的地方，氢是液态的；离地核远的地方，氢是气态的，但压力很大。

冰巨星天王星和海王星的质量至少是地球的 10 倍。它们主要由形成时以冰形式存在的化合物构成，可能由碳、氮、氧和硫构成，它们的氢和氦含量远低于气态巨行星。在小型岩石内核周围，有热且高密度的冰浆，主要由水、甲烷和氨组成（尽管温度很高，但压力迫使分子靠得太近，形成了半固态的冰泥）。在厚厚的冰物质层之外有一层气体——大气层。

行星的原材料

对科学来说幸运的是，并非所有的原行星盘的物质都被扫进了行星和卫星。剩下的很多就变成了小行星和流星。有时这些物质会落到地球上，我们从这些无价的样本中了解到 45.5 亿年前围绕太阳旋转的物质。石质陨石，也被称为球粒陨石，是原行星盘的固化块，是太阳系最基本的组成部分。尽管许多小行星遭受了冲击（包括碰撞和放射性衰变），这些冲击加热并部分融化了它们，改变了它们的结构，但其他一些小行星仍然保持着原始状态。

抓住星尘

球粒陨石含有被称为球粒的硅酸盐矿物和金属的近球形微小

球粒陨石放大图片，显示出不同的颗粒。

球体。这些曾经是原行星盘中自由漂浮的熔滴，但现在已经被困在尘埃基质中。这些尘埃包括太阳前的颗粒，它们是太阳系形成之前的微小颗粒，来自前几代恒星。

我们可以在球粒状陨石前的颗粒中看到宇宙的历史。它们的化学和结构特征可以与恒星中发生的特定事件相匹配。如果我们知道得足够多，我们就可以把每一颗颗粒的起源追溯到它的母星，并观测散落在银河系中的多颗恒星的尘埃是如何形成陨石的。

这些颗粒是气体中凝结在原行星盘中的固体尘埃，同时物质在其周围形成。许多颗粒已经被行星和其他大型天体吸收，我们再也无法找到。太阳形成前的颗粒只占球粒陨石质量的一小部分。其中，氖和氙这两种稀有气体的同位素的比例与太阳系中的标准比例不同。这种差异是它们起源的线索。

星尘的印记

在 20 世纪 60 年代，人们普遍认为通过凝聚形成的太阳系的气体云是完全同质的。当质谱分析揭示了一些原始陨石中稀有气体的同位素比例不同时，人们最初试图根据现有的模型来解释这些变化。

直到 20 世纪 70 年代，当美国天体物理学家唐纳德·克莱顿（Donald Clayton）提出超新星事件具有极大的放射性并产生许多放射性同位素时，这一观点才有所改变（见 180 页）。克莱顿计算了超新星产生并释放到星际介质中的同位素的流行率。这些同位素中的一些会衰变成其他同位素，克莱顿计算出了星际介质中不同同位素的比例。他成功地将太阳前系颗粒的组成与长期死亡恒星的活动联系起来，并将星尘引入了对球粒陨石的研究中。

1975 年，克莱顿提出，红巨星和超新星的浓缩物质，换句话说，也就是星尘将存在于星际介质中，并可以解释同位素的异常比率。他的建议被忽略了，在这一点上，甚至星尘的存在都是纯粹的假设。1987 年，改进的质谱分析显示球粒陨石残留物与克莱顿预测的某种红巨星的同位素比值相符。他被证明是正确的，星尘的发现时间被正式确定为 1987 年。

唐纳德·克莱顿（左）与威廉·福勒（见第 134 页）。

世界怎样运作：宇宙

石砾中的证据

    一些来自超新星的太阳前颗粒含有大量的钙同位素 Ca-44。在太阳系中，Ca-44 钙的比例一般只有 2%。克莱顿发现过量的 Ca-44 是钛 -44 的残留物（放射性衰变产物），钛 -44 在 II 型超新星中大量产生。但是 Ti-44 的半衰期只有 59 年，所以在 46 亿年后不会留下多少。它的衰变产物 Ca-44 是稳定的，所以它不会消失。在太阳前粒子中发现 Ca-44 表明该粒子来自 II 型超新星。

制造彗星

    彗星是由远超冥王星的太阳系外围的尘埃和冰形成的。美国宇航局的"星尘号"探测器在 2004 年收集了"怀尔德 2 号"彗星上的尘埃，并将其送回了地球。预计"星尘号"会带回冰和太阳前颗粒的混合物，但后者很少。彗星的大部分由来自太阳内部的冰和岩石组成。岩石以球粒陨石和一些被称为钙铝包体（CAIs）的颗粒的形式存在。这些球粒陨石，就像那些流星一样，在太阳系早期，在太阳附近以极高的白热温度熔化，随后凝结。不知何故，球粒陨石被扔到了太阳系的边缘，在那里它们与冰融合形成了彗星。这一意想不到的结果揭示了物质在整个太阳系中的分布情况。

太空中的岩石

    太阳系中的小行星大多位于火星和木星之间的一个带中。当木星形成时，它的引力阻止了更多行星在这一区域的形成。小行星带包含了来自碰撞和粉碎的物体的碎片，这些物体从未被整合到行星中。它包括 190 万颗直径至少 1 千米（0.6 英里）的小行星。已知的近地小行星有 1 万颗，其中 1 409 颗被列为对地球具有潜在危险，这意味着它们可能对地球构成威胁。

艺术家所绘的小行星带想象图。

轨道天体之间的碰撞可能是灾
难性的：一颗小行星或彗星在
墨西哥湾附近撞击地球，可能
导致 6 600 万年前那种杀死了
非鸟类恐龙和许多其他物种的
灭绝事件。1797 年，甚至在
还没有人知道任何大规模物种
灭绝事件的时候，皮埃尔 – 西
蒙·拉普拉斯就已经想到了这
种可能性。

这是 NASA 的"星尘号"探测
器在 2004 年拍摄的"怀尔德 2 号"
彗星。

地球和彗星碰撞的很小可能性会变得非常大……在漫长的几个世
纪里。很容易想象这次撞击对地球的影响。轴和旋转运动已经改变，
海洋位移……大部分的人和动物在这大洪水中淹死了，或者被传到地
球上的剧烈震颤所毁灭了。

——皮埃尔 – 西蒙·拉普拉斯，1796 年

月球的远端比近端更加坑坑洼注，有许多撞击留下的痕迹。

猛烈撞击

在太阳系早期，小行星和新形成的行星之间的碰撞是很常见的。从 41 亿到 38 亿年前，在一个被称为晚期重轰击的时期，行星被小行星和彗星猛烈撞击。月球和水星上的疤痕和环形山就是证据。要想知道究竟有多少小行星撞击了地球，我们只需要看看月球的远端。它的表面布满了坑洞，坑洞里还有坑洞，这些坑洞都是由无数次撞击造成的。毫无疑问，小行星对地球的地质状况有过影响，但由于风化和地质活动已经把所有痕迹都抹去了，所以没有证据表明有小行星猛烈轰击过地球。

来自天空的黄金

尽管铁和黄金等较重的元素在地核形成时被吸引到地核，但今天我们可以在地球表面附近开采到这些元素。20 世纪 70 年代提出的最佳解释是，地球上大部分可获得的重金属和贵金属都是由陨石带来的。地球形成后大约 2 亿年，地球开始受到来自太空岩石的撞击。据估计有 200 亿亿吨的小行星物质落在了地球上，将金属带入地壳。从月球表面带回的岩石中发现的黄金似乎支持了这一观点。

另一种理论是，一些重金属溶解在地幔熔化的岩石中，但没有到达地核。然后火山活动

黄金核心？

在地球形成初期，黄金并不是唯一一种沉入地核的贵金属。其他有用和有价值的金属，包括铂，也在地下。人们认为，地核中有足够多的贵金属，在地表覆盖厚度足以达 4 米（13 英尺）。

又把它们带回到地表。即便如此，在地球表面发现的不同比例的金属，其中一些仍然是陨石带来的。

制造月球

虽然许多与太空岩石的碰撞在地球表面造成了巨大的凹痕，但一次这样的事件可能会产生更为剧烈的结果。在太阳系历史的早期，大约在地球形成后的 1 亿年，一颗火星大小的行星或原行星猛烈地撞击了地球，月球就是由碎片形成的。

这种被公认的大碰撞假说并不是解释月球

存在的第一个尝试。另一个观点——裂变理论，由乔治·达尔文（George Darwin），查尔斯·达尔文（Charles Darwin）的儿子，于 1898 年首次提出。他认为，在年轻行星快速旋转的离心力作用下，一块早期熔化的地球碎片被抛入太空，从而形成了月球。另一种观点认为是地球从其他地方捕获了月球。一种进一步的理论提出，地球和月球在太阳系诞生时共同形成，都是由原行星盘形成的双星系统。

在这些理论中，第一种长期以来被认为是最有可能的。在能够测量月球的成分，并检测月球上存在的元素和同位素后，人们就可以清楚地看到，月球上的岩石与地幔中发现的岩石相匹配，尽管它们含有较少的铁，而铁是构成地核的物质。如果地球和月球是由同一种物质同时形成的（第三种理论），我们就可以预期它们的成分是相同的，包括同样数量的铁。第三种理论被地球－月球系统的角动量所排除。如果（根据第二种理论）地球从太阳系的其他地方捕捉到的月球，地球的地幔和月球岩石的物质之间才能匹配得如此之好。

雷金纳德·戴利（Reginald Daly）在 1945

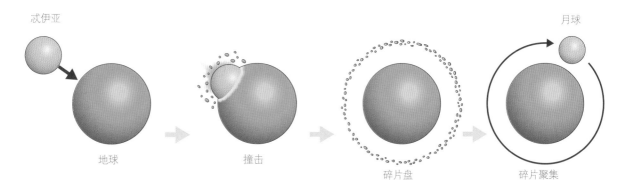

月球的形成是火星大小的行星忒伊亚撞击的结果。

世界怎样运作：宇宙

年重新审视了达尔文的理论，但他认为，不是地球把自己的一部分抛出去成为月球，而是另一个物体撞向了地球，并把地球的一部分撞碎。直到 1974 年，威廉·哈特曼（William Hartmann）和唐纳德·戴维斯（Donald Davis）重新提出并讨论了这一理论，并发展成现在的大碰撞假说，这一理论才被广泛关注。

　　该理论认为，一颗即将靠近，现在被命名为忒伊亚的行星，以非常大的角度和力量撞击地球，使得忒伊亚和地球的一部分被抛入太空。忒伊亚的一部分，包括它的铁核，留在了熔融的地球上，并下沉成为地核的一部分。与此同时，来自这两颗行星的碎片混合进入了绕地球的轨道，并在一个过程中合并成月球，整个过程可能只花了 1 个月，也可能花了 1 个世纪。

这很好地解释了月球和地球的相对组成以及月球的角动量。

动荡的内部

　　这次与忒伊亚的巨大碰撞的结果是地球和月球的表面都融化了。之后，地球表面会慢慢冷却和凝固，但地幔的熔融岩石继续缓慢地在地球周围流动，携带着地壳板块，称为构造板块。火山活动使岩浆从地幔流到地表，形成新的岩石。同样的事情最初也发生在月球上，但它的地质活动不再活跃，它的火山可能已经熄灭了。太阳系的其他行星和卫星也有火山，许多火山喷发的是水或冰，而不是熔岩。地质活动似乎是我们可以期待在其他行星系统中发现的一种特征。

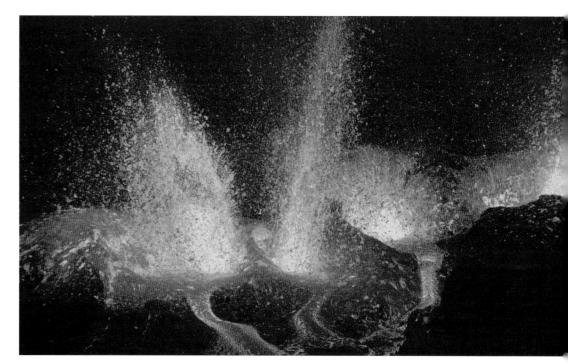

即使在今天，火山活动使地球的岩石地壳通过上地幔循环。

开普勒 10b 是 2011 年被确认的第一颗岩质系外行星。它与恒星的距离是水星与太阳的距离的 1/20，这使其表面灼热，温度约为 1 370℃（2 500℉）。

来自太空

小行星、彗星和流星似乎给许多行星的近表面带来了物质——不仅是重金属，还有水，甚至可能是生命的基石。水星两极附近的冰冻水沉积物可能是数十亿年前由彗星带来的。因为它们永远在阴影中，冰永远不会融化。

"星尘号"任务带来的另一个惊喜是氨基酸——甘氨酸的存在。氨基酸是蛋白质的组成部分，是构成所有生命的基础。于是，"星尘号"的任务揭示了至少有一种生命起源前的分子通过彗星来到了地球，而且不可避免地，也被送到了太阳系的其他天体。

地球之外

在我们的太阳系中，行星的形式相对有限：靠近中心的岩石行星、更远的气态巨行星，以及更远的冰质巨行星。迄今为止发现的系外行星（围绕其他恒星运行的行星）包括许多气态巨行星，其中一些比我们太阳系中的行星要大得多，还有一些大型岩石行星、热气态行星，可能还有热冰行星。可能有很多和地球大小差不多的岩石行星，但是它们很难被探测到。比地球大的岩石行星被称为"超级地球"。有一种理论认为，这些岩石行星中最大的是失去了气体外壳的巨大气体行星的核心。

热木星是一种气体巨星，它的轨道离恒星非常近，所以轨道周期很短，温度也很高。人类发现的第一颗围绕太阳这样的恒星运行的系外行星是飞马座 51 号。它与恒星的距离是地球与太阳距离的 20 倍，公转周期仅为 4 天。

一颗像海王星那么大的行星，与恒星的距离是水星与太阳距离的14倍，它围绕着一颗红矮星运行，距离地球30光年。这是一颗"热冰"行星，被认为其组成中大部分是水。其中一些水是在压力下形成的奇异形式的冰，其大气可能是水蒸气。

我们对这类行星知之甚少，只能从遥远的地方识别出来。现在说它们是如何形成的，甚至说它们到底是什么样子都还为时过早。

有地外生命吗？

我们不知道生命在宇宙中是常见的还是罕见的，甚至不知道地球是否是唯一的支持生命存在的行星（这似乎不太可能）。地球上的生命可能早在地球形成后几亿年就开始了。

从彼处到此处

我们知道地球上的生命至少是从35亿（可能43亿）年前开始的。光合作用，也就是现在为世界提供营养的过程，至少开始于23亿年前。光合作用是植物从二氧化碳和水中产生葡萄糖的方法，利用来自阳光的能量为反应提供动力。它首先出现在被称为蓝藻的单细胞生物中，蓝藻与现代的红绿藻类似。由此产生的大量氧气导致了第一次物种大灭绝，杀死了大多数其他不需要也不耐受氧气的简单生物。

然后出现了依赖氧气、生活在海洋中的新生命形式的进化。在很长一段时间里，它们都相当简单，但在5.4亿年前，物种的多样性突然激增。在那之后，进化就像滚雪球一样。一

这是一颗绕绘架座 β 公转，理论上为地外行星的艺术想象图，距离地球63光年。这颗行星的自转周期为8小时（天），比太阳系中的任何行星都要快。

些生物离开了海洋，改为在陆地上生活，陆生动植物种类繁多。

在石炭纪（3.59亿年至2.99亿年前），陆地上覆盖着丰富的森林，包括昆虫在内的两栖动物和节肢动物是主要的陆地动物。然后，气候变化导致爬行动物占了上风，随着可以离开水中产卵的进化，动物们开始向内陆迁徙。过去3亿年出现了恐龙、鸟类和哺乳动物的进化，以及人类的崛起。人类最多存在了200万年——在地质年代里这段时间不过是一眨眼的工夫。

生活在太空

从一颗行星上发现的样本来推断是否可能在其他地方发现生命是不可能的。如果地球上的生命在地表稳定的短时间内就出现，那就表明生命很容易出现，可能在整个宇宙中普遍存在。然而，地球花了40多亿年才从一个贫瘠的星球进化成一个充满复杂生命的陆地。几乎用了整个地球的历史才达到一个人类这一物种能离开家园的程度。也许这意味着高级生命的进化，尤其是科技物种的进化是非常困难的，很少会发生；或者任何有生命的星球最终都会发展到这一步，但我们没法直接确定。

在我们的太阳系中，我们可以相当肯定地说，地球是唯一一颗有液体海洋和大型生命形式的岩石行星。但是在其他行星上（也许在地表以下）可能有生命，在它们的一些卫星上可能有生命。至于系外行星，我们几乎不知道它们是否能支持任何形式的生命。就目前而言，地球仍然是我们唯一的宜居星球模式，而生活在地球上的各种生命形式也是我们唯一的生命模式。不同形式的生命可能存在于其他地方，包括一些超出我们认知的生命形式。

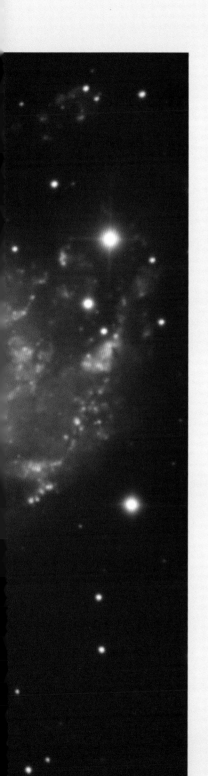

第九章

这一切将在何处结束？

在现实生活中，宇宙在奇点有一个开端，也有一个结束，奇点形成了时空的边界，科学定律在奇点处失效。

——斯蒂芬·霍金（Stephen Hawking），

《万有理论：宇宙的起源与归宿》，2003 年

大爆炸理论让我们对宇宙是如何开始的有了很好的了解。但它将如何结束？三种可能的情况支配着宇宙学家的思考。不可避免的是，这三种可能都不会让人好过，但幸运的是，我们看不到它们发生。

两个螺旋星系在一亿五千万光年外合并。合并大约需要几百万年。

越来越大的宇宙

正如我们所看到的，宇宙焕发生机经历了一个非常短暂的指数级膨胀时期，然后进入一个稳步膨胀的模式。给人的印象是，宇宙开始了创造和毁灭恒星的模式，产生行星，并重复这个过程，在每个循环中用上一轮制造的元素丰富其建筑材料。但是宇宙还有另一个惊喜等待着天文学家的发现。在五六十亿年前，宇宙膨胀的速度开始加快。这是在1998年被发现的，它颠覆了我们自以为掌握的大部分知识。

公认的模型

在20世纪的大部分时间里，宇宙学模型平衡了宇宙的膨胀和引力。人们预计，扩张的速度将逐渐放缓，并最终在遥远的将来的某个时刻完全停止。但是经过1998年哈勃太空望远镜的观测，揭示了宇宙膨胀的速度在加速而不是在减慢。

宇宙膨胀的速率被称为哈勃常数。单位为千米/（秒·百万秒差距）即km/（s·Mpc）。1929年，哈勃首次利用仙女座星系中的造父变星计算出了这个常数的值。它的数字是34.2万英里每小时每百万光年，相当于500千米每秒每百万秒差距——这几乎是目前公认的数值的10倍。它给出了宇宙大约20亿年的年龄。但是这个数字马上引出了另一个问题。20世纪30年代，放射性测年法确定了地球上有30亿年历史的岩石。地球怎么可能比宇宙更古老？

第一次合理准确的估计是在1958年由美国天文学家艾伦·桑达奇（Allan Sandage）得出的75千米（秒·百万秒差距）。桑达奇是研究哈勃望远镜的研究生，他在1952年获得的数据显示，宇宙的年龄从18亿年增加了1倍，达到了36亿年。几年后，他又把年龄增加到55亿岁，后来又增加到200亿岁。

2001年哈勃望远镜观测到的第一个数值为

世界上最先进的光学望远镜，欧洲南方天文台超大望远镜的全景照片。

测定哈勃常数

今天，宇宙学家通过计算两种天体的距离来测量哈勃常数：造父变星和遥远星系中的 Ia 型超新星。它们都是"标准烛光"：它们的光度稳定且可预测。造父变星的脉动速率是它真实亮度的指示。通过将它的亮度与从地球上看到的亮度进行比较，天文学家可以算出它有多远。Ia 型超新星以标准亮度爆炸，通过测量到达地球的光的红移，天文学家可以计算出超新星距离地球的距离。哈勃望远镜已经被用来计算 19 个星系中的 2 400 颗造父变星和 300 颗遥远的 Ia 型超新星之间的距离。

72 ± 8 千米 / （秒·百万秒差距）。该望远镜观测到的最新精确值为 74.03 ± 1.42 千米 / （秒·百万秒差距），这是 2019 年观测到的，但是，最新的普朗克宇宙微波背景辐射测量值是 67.4 千米 / （秒·百万秒差距）。这种差异令人担忧。宇宙学家不知道这两个数字之间出现他们称之为"矛盾"的原因，2019 年的测量增加了它们之间的差异，让我们的物理学陷入了怀疑。

可能是我们的宇宙模型出了问题，或者是宇宙中有某种未曾想到的新型破坏性粒子。

越来越快

宇宙仍然在膨胀，这与我们对大爆炸的期望是一致的。但是宇宙膨胀的速度是在增加而不是在减少的事实让宇宙学家们目瞪口呆。2019 年，它的增长率高达 9%，甚至比之前预

埃德温·哈勃正在使用地面望远镜。

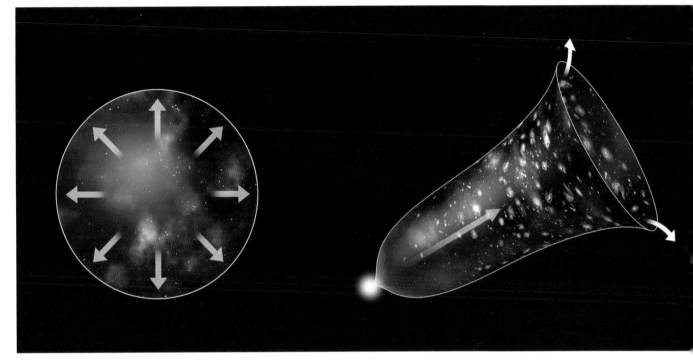

宇宙常数作为一种力推动宇宙向外膨胀（左），导致宇宙膨胀得更快（右）。

想的还要快。哈勃望远镜在观察非常遥远的超新星时收集到的数据表明，宇宙在遥远的过去膨胀得很慢。寻找解释的过程中产生了三种可能性：

·应该重新考虑爱因斯坦在接受宇宙膨胀时所拒绝的"宇宙常数"。

·某种能量流体充满了空间，把星系推得更远。

·爱因斯坦的引力理论是错误的，需要新的理论。

由于无法解释这种现象，宇宙学家给驱动这种膨胀的物质起了个名字——暗能量。这不是一个小的组成部分，它代表了大约68%的宇宙物质/能量含量。

产生更多的虚无

目前流行的理论是，暗能量通过在星系之间创造更多太空，将它们推得更远。"更多的太空"可以凭空出现。爱因斯坦的方程式表明，空间可以简单地存在。更多的"空的"太空可以拥有能量。把这两者放在一起的结果是，如果出现更多的太空，太空的能量密度不会减少。星系之间增加的太空越多，产生的能量就越多，把它们推得更远。结果就是我们已经看到的——加速膨胀——随着越来越多的带能量的太空出现在各部分之间，宇宙的膨胀变得越来越快。这是一个巧妙的解决办法，但仍然是一种假设。

正如我们所看到的，量子理论允许"空"的太空容纳临时或"虚"的粒子，这些粒子迅速出现和消失，结果再次证明，宇宙并不是真正的空。乍一看，这似乎可以解释暗能量。但是用这个方法计算会产生 10^{120} 倍的能量。这远远超过了我们通过调整计算或调整理论可以摆脱的程度。最终的结果是我们根本不知道真实情况。暗能量仍然是一个有待解决的大谜题。

我们去往何处?

我们对暗能量本质的不了解还有一个更重要的后果——我们不知道未来宇宙会变成什么样子。如果暗能量是一种在50亿~60亿年前启动的旋转的场，它是否也会在未来的某个时候关闭呢?还是说它会永远加速膨胀?

人们讨论了宇宙未来的三种广泛可能性。数千年来，这三种可能性塑造并反映在神话、宗教、哲学讨论以及最近的科学中:

· 宇宙可以永恒地继续下去;

· 宇宙可能会永远结束;

· 宇宙可以在一个伟大的循环结束后重新开始。

世界没有尽头

那些设想宇宙没有起点的古希腊哲学家也认为宇宙没有尽头。一个永恒的宇宙在时间中无限地向前和向后伸展。牛顿也有同样的观点:大体上说，宇宙在大尺度上是不变的。

紧缩或寒冷

到20世纪末，宇宙学家们一致认为宇宙的时间是有限的，至少就目前的形式而言是如此。他们预见了其最终命运的两种可能性。如果宇宙中有足够的物质，它的引力最终会克服膨胀，宇宙的膨胀情况就会反转。当物体相互靠近时，这种收缩会加速，最终形成"大坍缩"。但如果没有足够的物质产生这么大的引力，物体就会漂移得越来越远，失去热量，导致无限分散、寒冷的宇宙——宇宙"大冻结（Big Chill）"或"热寂（Heat Death）"。在20世纪90年代初，对宇宙质量的计算似乎倾向于将"大冻结"视为其最终命运。

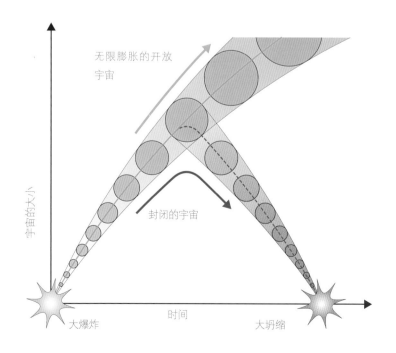

宇宙有两种可能的未来:一种是不断扩大的规模，另一种是逆转和收缩，以"大坍缩"结束。

第五元素或以太

亚里士多德认为，一种神秘的物质充斥着天国，后来被称为"第五元素"。人们相信这个"第五元素"与四个经典元素（土、水、空气和火）构成了地球，"第五元素"被认为是极其精炼或"微妙"的，总是在循环中，是不变的，且是一种没有热、冷、湿和干燥这些特点的元素。后来的作家们把这种物质称为"以太"。从17世纪70年代和牛顿关于光的研究开始，一种更现代的以太出现了，是光和后来其他电磁辐射可以传播的媒介。克里斯蒂安·惠更斯描述了光波在"无所不在、密度为零的完全弹性介质——以太"中传播。19世纪，从詹姆斯·克拉克·麦克斯韦的研究开始，很明显，实际上并不需要以太在太空中携带能量波。阿尔伯特·迈克尔逊（Albert Michelson）和爱德华·莫雷（Edward Morley）在1887年进行了一个著名的寻找以太的实验，但没有发现它存在的证据。到目前为止，还没有发现过以太。

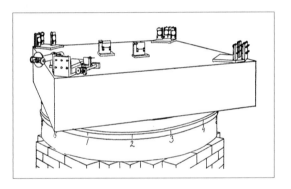

迈克尔逊和莫雷的设备安装在一块石板上，上面是一池水银。它比较了光在不同方向上的传播速度，测试了与以太方向相同的光和与以太方向成直角的光之间的区别。

热寂

宇宙的"热寂"听起来应该是一种热的终结，就像某些宗教预言的剧烈灾难一样——但事实恰恰相反。在宇宙的"热寂"中，热本身也会消失。1777年，法国天文学家让－西尔万·贝利（Jean Sylvain Bailly）提出了宇宙冷却的观点。他认为所有的行星都有内部热量，并随着时间的推移慢慢失去。他声称，月球已经太冷，无法支持生命的存在。另一方面，木星温度太高，也无法支持生命的存在。显然，地球目前处于一个"刚刚好"的"适居带"。

1852年，开尔文勋爵概述了后来成为热力学第一定律和第二定律的内容，并于1862年参照太阳（见第76页）写道，能量是守恒的，但机械能以热的形式消散。结果"必然是一种普遍的静止和死亡的状态"，但前提是宇宙是有限的。开尔文认为，"不可能对宇宙中的物质想象出极限"，因此宇宙可以"无限发展"，而不是"永远停止"。

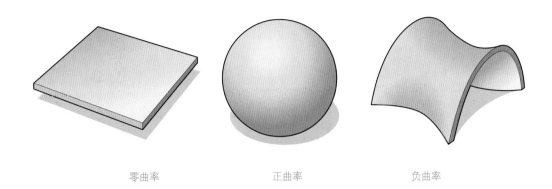

零曲率   正曲率   负曲率

宇宙的三种可能的形状,用三维来表示。

新局面

在 1998 年，一切都改变了，因为发现了膨胀正在加速。"大撕裂"模型认为，失控的膨胀将比"大冻结"的热寂要更进一步。相反，暗能量会首先撕裂星系，然后是恒星，最终甚至是分子和原子。

今天，天文学家倾向于选择"大冻结"或者"大撕裂"，"大坍缩"已经失宠。最后将取决于宇宙的形状、暗能量的性质，以及暗能量是继续传播还是突然停止出现，也许就像暗能量开始出现时那样快。

万物的形状

宇宙有三种可能的"形状"。它可以有正曲率、负曲率，或者零曲率。由于它有三个空间维度和一个时间维度，尽管可以用数学来描述，但可视化这些状态实际上是不可能的。平面（零曲率）不需要解释。正曲率像一个球体的表面，定义了一个封闭的宇宙。这个宇宙有足够的质量来阻止膨胀，最终将其逆转，导致

收缩并最终出现大坍缩。负曲率类似于鞍形，定义了一个开放的宇宙。这个宇宙的质量不足以吸引引力来克服膨胀，它将永远膨胀下去。

大多数宇宙学家认为目前的数据倾向于宇宙是平面的。在这个模型中，有足够的质量，在无限长的时间之后，膨胀会减速到零。这一结论基于威尔金森微波各向异性探测器（WMAP）对宇宙微波背景的调查数据，这表明宇宙是平面的，误差在 0.4% 以内。不过，它是以可观测的宇宙为基础的，除了可观测的部分，我们对宇宙一无所知。它可能看起来是平的，因为我们看到的是整体的一小部分，它的曲率并不明显，就像当我们站在田野里，观察我们周围的世界时，我们没有注意到地球的曲线一样。

无中生有

宇宙学中没有术语或工具来解释宇宙膨胀结束后会发生"大撕裂""大冻结"还是"大坍缩"。如果真的发生了大坍缩，也许一切都会重新开始，就像一些古代神话和一些近代宇

世界怎样运作：宇宙

宙学家所说的那样。如果它以一切无限展开结束，也许它将是一个无限大且寒冷黑暗的虚无。但这一切都是"无中生有"，看看从中产生了什么。如果说宇宙的故事告诉了我们一件事，那就是"无中不能生有"这句话并不完全对。

艺术家对可怕的未来的想象图：从地球表面越过月球看到正在死亡的太阳。

2003 年发射的"星系演化探测器"的艺术家想象图，该探测器的目的是研究过去 100 亿年间
演化出的星系形成的各个阶段。

我们的末日

　　没有必要担心宇宙的最终命运，因为早在那之前我们的太阳系就消失了。太阳，作为一颗主序恒星，现在大约在其生命的中段，将以大致相同的方式再持续 50 亿~60 亿年。然后，随着最后的氢聚变成氦，太阳将膨胀到目前大小的 250 倍左右。太阳会失去质量，所以它的引力会减小，使地球远离这个不断膨胀的红巨星。不幸的是，地球自身的引力将在太阳上产生潮汐隆起，它将跟随地球在轨道上转来转去，最终将地球拖向炽热的末日。

　　为了拯救地球和地球上的居民，有人提出了一个疯狂的想法——我们可以让柯伊伯带的物体变成彗星，当它们与地球擦肩而过时，足以推动地球的轨道。大约需要与 100 千米宽的物体进行 100 万次近距离接触（可能每 6 000 年一次），地球才会移动到一个安全的区域。不过，也许搬到另一个太阳系的行星上可能更容易。毕竟，如果 50 亿年后我们还在的话，从人类文明开始以来，我们就有 50 万次机会想出一种先进的太空旅行方式。

进入多元宇宙

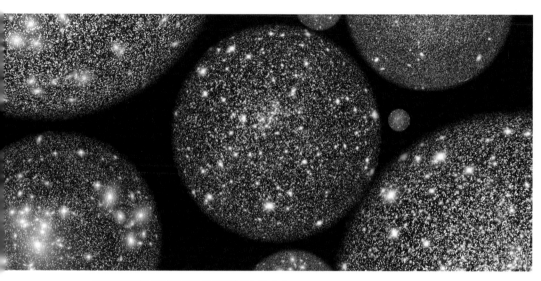

多元宇宙理论假设有无限多个离散的气泡宇宙。

在这本书中，我们关注的是最广为接受的宇宙故事，但也有其他版本。一个基于超弦理论和膜宇宙学的膨胀模型，由保罗·斯泰恩哈特（Paul Steinhardt）和尼尔·图罗克（Neil Turok）在 2002 年提出，这一模型表明宇宙是循环膨胀和收缩的。弦理论试图通过想象粒子是 11 维宇宙中振动的弦来将四种基本力联系在一起。

另一个模型是多元宇宙——一个由许多，也许是无限多个宇宙组成的集合，而我们的宇宙只是其中之一。第一个"多元世界"公式是由美国物理学家休·埃弗雷特（Hugh Everett）在 1957 年提出的；它在 20 世纪 60 年代由布莱斯·德威特（Bryce DeWitt）拓展并推广。它是量子理论

的发展，属于物理学而不是宇宙学的一个领域。它提出所有可能的事件已经发生，并将在不同的宇宙中发生。很明显，这使得宇宙的增殖极其迅速。每次你做出选择的时候，一个不同的宇宙就会分支出来，每次蚂蚁爬或不爬一棵植物的时候，每次小行星撞或不撞一颗行星的时候，每次放射性原子衰变或不衰变的时候，等等，都会分支出一个不同的宇宙。

1983 年，俄裔美籍物理学家安德烈·林德（Andrei Linde）首次提出了一个有影响力的多元宇宙理论。它的理论基础是早期宇宙中的宇宙膨胀并没有在瞬间结束，而是一直持续着，并将持续到永远。虽然我们不知道为什么膨胀会结束（可能没有结束），但这个理论需要完

全重新思考无限膨胀之后的宇宙。

在林德的理论中，我们的宇宙是众多膨胀因真空环境而停止或减缓的气泡之一。在我们的宇宙之外，还有许多仍在以指数方式膨胀的"气泡宇宙"，它们的膨胀速度较慢，可能有着不同的物理定律和不同的局部条件。当膨胀在特定位置停止时，会有更多的气泡宇宙破裂。

斯蒂芬·霍金与托马斯·赫托格（Thomas Hertog）共同提出了一个相反的观点，并在霍金去世后于 2018 年发表。这一理论建立在一种新的方法上，即不考虑时间，也不考虑大爆炸的"瞬间"（在调整理论时抛弃一个维度在物理学中是一种公认的做法，但通常抛弃的是一个空间维度）。因为广义相对论不能与宇宙中最早的纳米时刻相调和，我们可以放弃这个时刻而不是理论。在这个新的模型中再次观察暴胀，一切都井然有序地运行，产生了一个单一的、表现良好的宇宙。然而，如果时间不是从大爆炸的其他维度开始，我们可能会问，那时间从哪里来，或者我们可能会问，它是什么时候进入这个世界的。当然，在没有时间的宇宙中，"什么时候"这个说法并没有意义。

对虚无一无所知

我们从一个从无到有的宇宙开始。这是在人们认为自己大致知道宇宙包含什么的时候提出来的。我们在结束时对"无"做了一些解释，但对它所创造的"有"却没有那么稳妥的把握。按照目前的衡量标准，宇宙中大约只有 4% 是我们熟悉的正常物质和能量，剩下的 96% 是无法解释的暗物质和暗能量。

宇宙学家还有很多工作要做。在了解宇宙如何运作的奥秘上，我们前面依然长路漫漫。

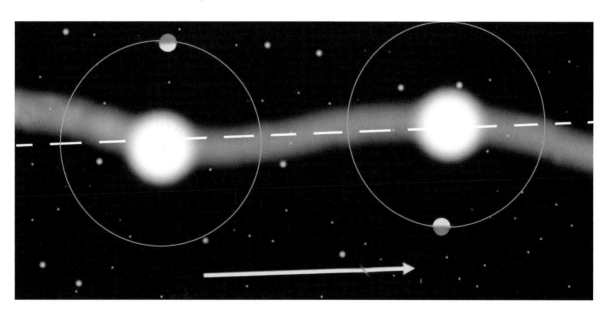

探测围绕遥远恒星运行的行星的一种方法是寻找恒星轨道上的"摆动"，这种摆动是由恒星被拉向其行星引起的。